周末就能完成！

超可爱的毛线动物钩编

日本E&G创意 / 编著

蒋幼幼 / 译

中国纺织出版社有限公司

目录 Contents

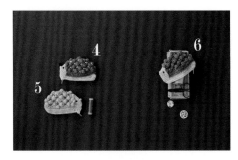

杯套

p.20

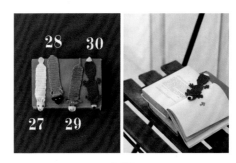

书签

p.22

窗帘扣

p.24

水瓶套

p.26

室内鞋

p.28

抱枕

p.30

基础教程　Basic Lesson

配色花样中配色线的换线方法

在换配色线的前一圈钩织最后一针的引拔针时，将主色线挂在针上，再在针头挂上配色线，如箭头所示引拔。

编织线换成配色线后的状态（**a**）。接着用配色线钩1针立起的锁针，即起立针（**b**），继续钩织短针。

将渡线包在针脚里钩1针短针后的状态。接着如箭头所示插入钩针，将主色线包在针脚里继续钩织。

钩了5针短针后的状态。

短针的条纹针配色花样的钩织方法

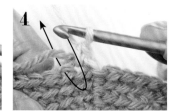

换成配色线前，完成最后一针条纹针。

将主色线挂在针上，再在针头挂上配色线，如箭头所示引拔。

编织线换成配色线后的状态（**a**）。接着用配色线钩1针起立针（**b**），继续钩短针的条纹针。

将主色线包在针脚里钩1针短针的条纹针后的状态。

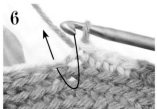

用配色线钩几针短针的条纹针后，挂上主色线，如箭头所示引拔。

用主色线引拔后的状态。

按步骤4~6的要领将配色线包在针脚里继续钩织，然后如箭头所示将配色线引拔拉出。

钩完几针短针的条纹针后的状态。

重点教程　Point Lesson

★为了便于理解，此处使用不同颜色的线进行说明

口金包的口金缝合方法
图片 & 制作方法 ► p.8 & p.48

● 将织物嵌入口金进行缝合的情况

1
准备好口金、手缝针、缝线（或者编织线的分股线）。

2
从织物的后侧入针，再从口金顶端的小孔出针。

3
为了加固第1针，挑起织物，再次从顶端的小孔出针。

4
挑起织物，从第2个小孔出针。

5
返回第1个小孔入针。

6
从第3个小孔出针。接着如箭头所示，按半回针缝的要领继续缝合。

7
一边仔细地缝合，一边注意拉线时针脚要紧实均匀，确保织物的平整。

8
口金缝好后的状态。

耳朵的缝法
图片 & 制作方法 ► p.8 & p.48

1
用定位针将耳朵暂时固定在主体上。

2
在耳朵的反面接上缝线，将耳朵缝在主体上。

插入式眼睛的安装方法
图片 & 制作方法 ► p.18 & p.47

1
将胶水涂在插入式眼睛的尾柱上。

2
插入眼睛。

拉链包的钩织方法
图片＆制作方法 ▶ p.10 & p.38

1

钩至第5圈。

2

接上新线，钩织耳朵。

3

将配色线包在针脚里，按图解钩织刺猬身体。

4

钩至第11行的状态。

5

脸部和身体的第18行完成后的状态。

6

在步骤2的第2行的起立针里接上新线，按图解继续钩织。（步骤3）

7

脸部下侧钩好后，换成与身体相同颜色的线，按图解继续钩织身体的下半部分。

8

钩织身体下半部分的第2行，不加针也不减针。

9

身体下半部分的第2行完成。

10

身体下半部分的第3行钩短针的条纹针。

11

第4行按图解减针。

12

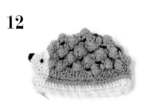

完成。

提手的钩织方法
图片 & 制作方法 ▶ p.12 & p.40

 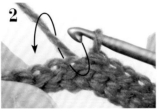  

钩锁针起针，第1行如箭头所示从锁针的里山挑针钩引拔针。

从第2行开始，如箭头所示在前一行针脚头部的上半针（1根线）里挑针，钩引拔针。

第3行完成后的状态。按相同要领在前一行针脚里挑针继续钩织指定行数。

第4行完成后的状态。

蘑菇扣眼睛的缝法
图片 & 制作方法 ▶ p.28 & p.58

用定位针等将蘑菇扣暂时固定在脸部，确定位置。

在手缝针里穿入缝线（或者编织线的分股线），对齐两端的线头打好结，用2股线缝。用缝针稍微挑起织物。

将针穿入末端的线环，拉紧。上图是在线环里穿针时的状态。

在蘑菇扣的小孔里穿针，再在织物里挑针。重复此操作，将蘑菇扣牢牢地缝在织物上。

 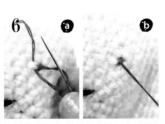  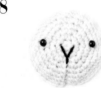

最后从织物的反面出针，稍微挑起织物，如箭头所示将线头绕在针上。

如箭头所示在线环中穿针（ a ），拉紧（ b ）。

将线头在织物里穿上几针后断线，注意缝线不要露出来。

完成。

1   2   3

口金包

制作方法 ► p.48
重点教程 ► p.5
设计&制作 ► 河合真弓

3只小猫咪的动作和花纹各不相同。
口金包的纵向比较深，
可以装不少东西呢。

拉链包

4

5

很受欢迎的小刺猬拉链包最关键的是配色。
可以换成自己喜欢的配色，或许效果也很不错。

6

7

配色花样手提包

制作方法 ▸ p.40
重点教程 ▸ p.7
设计&制作 ▸ 今村曜子

手提包的大小恰到好处，
平时出门正好可以随身携带。
因为是配色编织，非常结实耐用。

钥匙包

制作方法 ▸ p.42
设计＆制作 ▸ 冈真理子

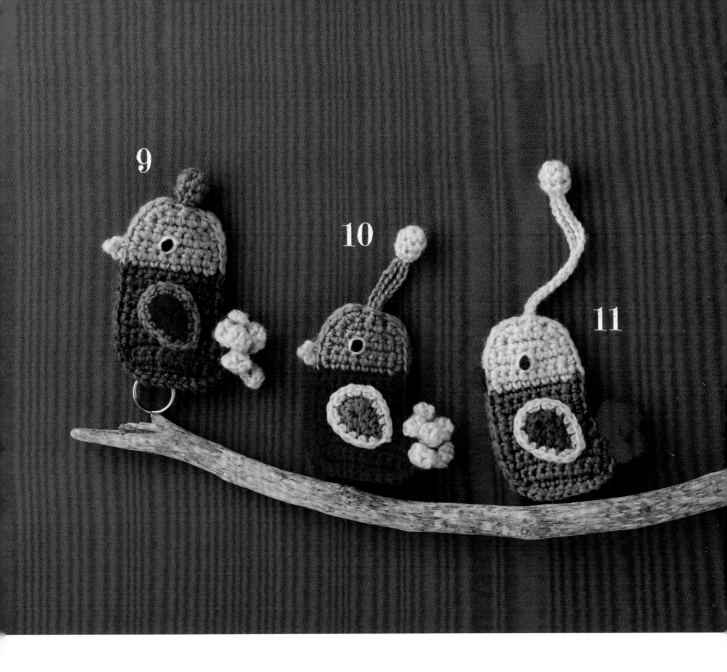

五颜六色的小鸟排排站，可爱极了。
用喜欢的颜色钩一只属于自己的小鸟吧！

杯垫

制作方法 ▶ p.44
设计&制作 ▶ 远藤裕美

露出小脑袋和尾巴的动物杯垫，
就像是在开一场茶话会。

12

13

15

14

16

迷你玩偶

制作方法 ► p.47
重点教程 ► p.5
设计&制作 ► 河合真弓

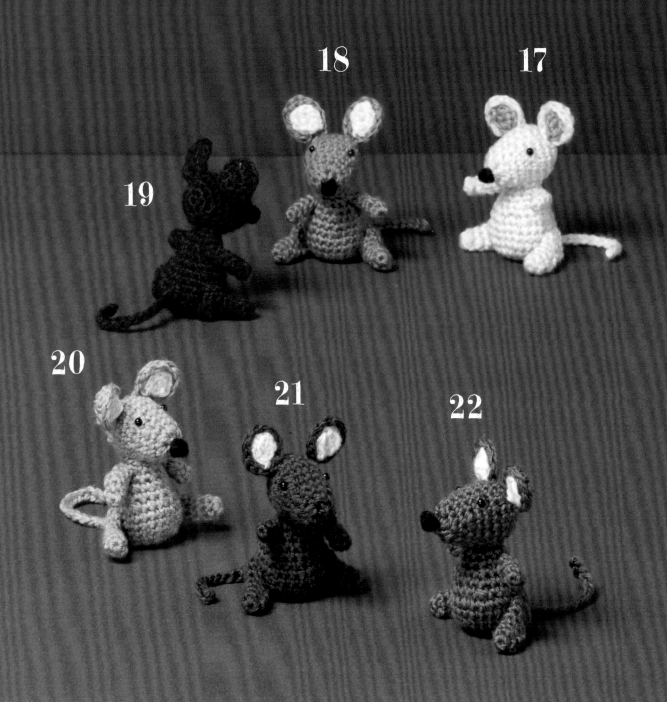

迷你玩偶光是放在那里，
就让人感觉心里暖暖的。
和其他小礼物一起送人，
对方也会很高兴吧！

杯套

制作方法 ▸ p.52
设计&制作 ▸ 池上舞

套在杯子外面就更可爱了。
看看有没有你喜欢的小狗狗？

20

书签

制作方法 ▶ p.50
设计＆制作 ▶ 今村曜子

27　　**28**　　**29**　　**30**

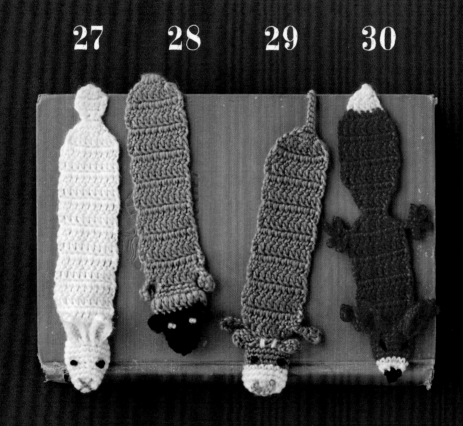

突然从书里冒出头来的书签，
让读书时光变得充满乐趣。

窗帘扣

制作方法 ▶ p.33
设计&制作 ▶ 小松崎信子

31

32

34

33

系上可爱的动物窗帘扣，
就像小动物紧紧抱着窗帘。
也可以根据家里窗帘的厚度调整手
臂的长度。

水瓶套

制作方法 ▶ p.36
设计&制作 ▶ 远藤裕美

把亲子款柴犬水瓶套放在一起，
是不是更可爱？
午餐时间也会更加愉快吧！

室内鞋

制作方法 ► p.58
重点教程 ► p.7
设计&制作 ► 小松崎信子

小绵羊脸部周围毛茸茸的，太可爱了。
主体部分钩织的拉针花样非常厚实。

37

38

39

抱枕

制作方法 ▸ p.55
设计&制作 ▸ 冈真理子

40

虽然尺寸偏小，
但是抱在怀里却刚刚好。
光是放在房间里就能让人眼前一亮。

本书使用线材介绍

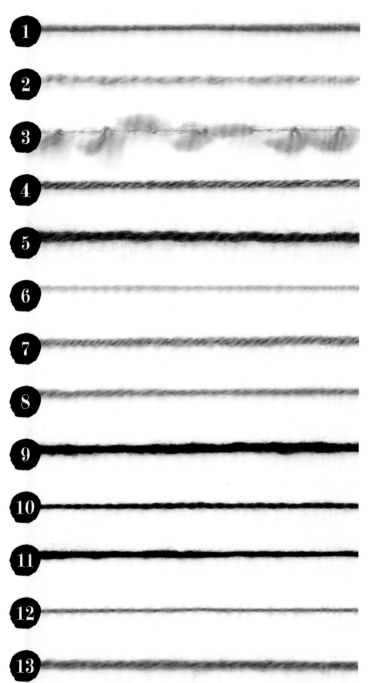

大同前进株式会社　芭贝事业部

1 **Multico** / 羊毛 75%、马海毛 25%，40g/团，约 80m，9色，钩针 8/0号 ~10/0号

2 **Soft Donegal** / 羊毛 100%，40g/团，约 75m，7色，钩针 8/0号 ~9/0号

3 **Primitivo** / 羊毛 50%、马海毛 40%、锦纶 10%，25g/团，约 32m，6色，钩针 8/0号 ~10/0号

4 **Queen Anny** / 羊毛 100%，50g/团，约 97m，55色，钩针 6/0号 ~8/0号

5 **British Eroika** / 羊毛 100%，50g/团，约 83m，35色，钩针 8/0号 ~10/0号

6 **Puppy New 4PLY** / 羊毛 100%，40g/团，约 150m，32色，钩针 2/0号 ~4/0号

和麻纳卡株式会社（HAMANAKA）

7 **Amerry** / 羊毛 70%、腈纶 30%，40g/团，约 110m，52色，钩针 5/0号 ~6/0号

8 **Wanpaku Denis** / 腈纶 70%、羊毛 30%，50g/团，约 120m，35色，钩针 5/0号

横田株式会社·DARUMA

9 **Classic Tweed** / 羊毛 100%，40g/团，约 55m，9色，钩针 8/0号 ~9/0号

10 **Super Wash Merino** / 羊毛 100%，50g/团，约 145m，8色，钩针 3/0号 ~4/0号

11 **Soft Lambs Sport** / 腈纶 60%、羊毛 40%，30g/团，约 103m，32色，钩针 5/0号 ~6/0号

12 **小卷 Café Demi** / 腈纶 70%、羊毛 30%，5g/板，约 19m，30色，钩针 2/0号 ~3/0号

13 **Dulcian（中粗混纺）** / 腈纶70%、羊毛30%，45g/团，约 85m，26色，钩针6/0号 ~7/0号

＊ 1 ~ 13 自左向右表示为：材质→规格→线长→颜色数→适用针号。

＊颜色数为2019年6月的数据。

＊因为印刷的关系，可能存在些许色差。

＊线材问题的相关咨询方式详见 p.64。

＊为方便读者查询，全书线材型号均保留英文。

※图片为实物粗细

准备材料

31：和麻纳卡 Amerry／炭灰色（30）…20g、白色（20）…15g，和麻纳卡 插入式眼睛／黑色 6mm（H221-306-1）…1对，填充棉…少许

32：和麻纳卡 Amerry／玉米黄色（31）…30g、米色（21）·红褐色（50）…各5g，和麻纳卡 插入式眼睛／黑色 6mm（H221-306-1）…1对，填充棉…少许

33：和麻纳卡 Amerry／浅蓝色（29）…35g、米色（21）…少许，和麻纳卡 插入式眼睛／黑色 6mm（H221-306-1）…1对，填充棉…少许

34：和麻纳卡 Amerry／粉红色（7）…30g、米色（21）…10g、黑色（24）…少许，和麻纳卡 插入式眼睛／黑色 6mm（H221-306-1）…1对，填充棉…少许

针 钩针5/0号

成品尺寸 参照图示

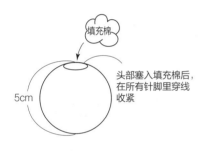

填充棉

5cm

头部塞入填充棉后，在所有针脚里穿线收紧

钩织方法 ※❶、❷、❸是通用的钩织方法

❶ 钩织头部和身体。用线头制作线环，钩入6针短针。从第2圈开始，参照图示一边加减针一边钩至第17圈。（33的头部钩至第15圈。）

❷ 钩织手和脚。用线头制作线环，钩入8针短针。从第2圈开始，参照图示一边加减针一边钩织。中途钩至第7圈时，将填充棉塞入手和脚的前端。

❸ 缝合头部、身体、手、脚。

31 斑马

❹ 钩织耳朵。用线头制作线环，钩入4针短针。从第2圈开始，如图所示一边加针一边钩至第6圈。

❺ 钩织鬃毛。如图所示钩织锁针。

❻ 缝上耳朵和鬃毛。

❼ 用胶水粘上插入式眼睛。

32 狮子

❹ 钩织嘴部。钩5针锁针起针，从锁针的里山挑针钩织短针。接着在锁针剩下的2根线里挑针环形钩织。从第2圈开始如图所示一边加针一边钩至第3圈。

❺ 钩织鬃毛。钩32针锁针起针，然后按编织花样钩织。

❻ 钩织耳朵。用线头制作线环，钩入6针短针。在第2圈加至12针，然后无需加减针钩至第4圈。

❼ 钩织鼻子。钩1针锁针起针后，如图所示钩织。

❽ 缝上嘴部、鼻子、耳朵、鬃毛。

❾ 用胶水粘上插入式眼睛。

33 小象

❹ 钩织鼻子。钩8针锁针起针，首尾连接成环状。从锁针的里山挑针钩织短针。从第2圈到第10圈无需加减针钩织。在第11圈和第12圈各加4针。

❺ 钩织鼻子。钩8针锁针起针，首尾连接成环状。从锁针的里山挑针钩织短针。从第2圈到第10圈无需加减针钩织。在第11圈和第12圈各加4针。

❻ 缝上耳朵和鼻子。

❼ 用胶水粘上插入式眼睛。

34 猴子

❹ 钩织嘴部。钩5针锁针起针，从锁针的里山挑针钩织短针。接着在锁针剩下的2根线里挑针环形钩织。从第2圈开始如图所示一边加针一边钩至第3圈。

❺ 钩织耳朵。用线头制作线环，钩入6针短针。如图所示钩织第2圈。

❻ 缝上嘴部和耳朵。

❼ 绣上嘴巴，用胶水粘上插入式眼睛。

头部的针数表

圈数	针数	加减针
17	6针	-6
16	12针	-6
15	18针	-6
14	24针	-6
13	30针	-6
7~12	36针	
6	36针	+6
5	30针	+6
4	24针	+6
3	18针	+6
2	12针	+6
1	6针	

31 配色表

圈数	颜色
16、17	白色
14、15	炭灰色
12、13	白色
10、11	炭灰色
8、9	白色
6、7	炭灰色
4、5	白色
1~3	炭灰色

34 配色表

圈数	颜色
5~17	粉红色
1~4	米色

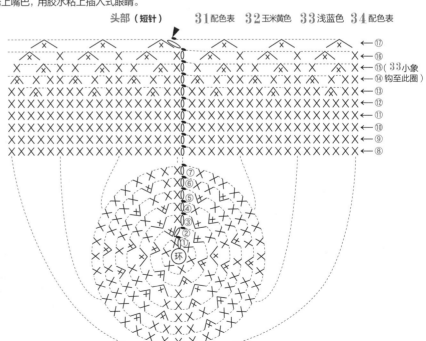

头部（短针）　　31配色表　32玉米黄色　33浅蓝色　34配色表

←⑰
←⑯
←⑮（33小象
←⑭钩至此圈）
←⑬
←⑫
←⑪
←⑩
←⑨
←⑧

⑦⑥⑤④③②①环

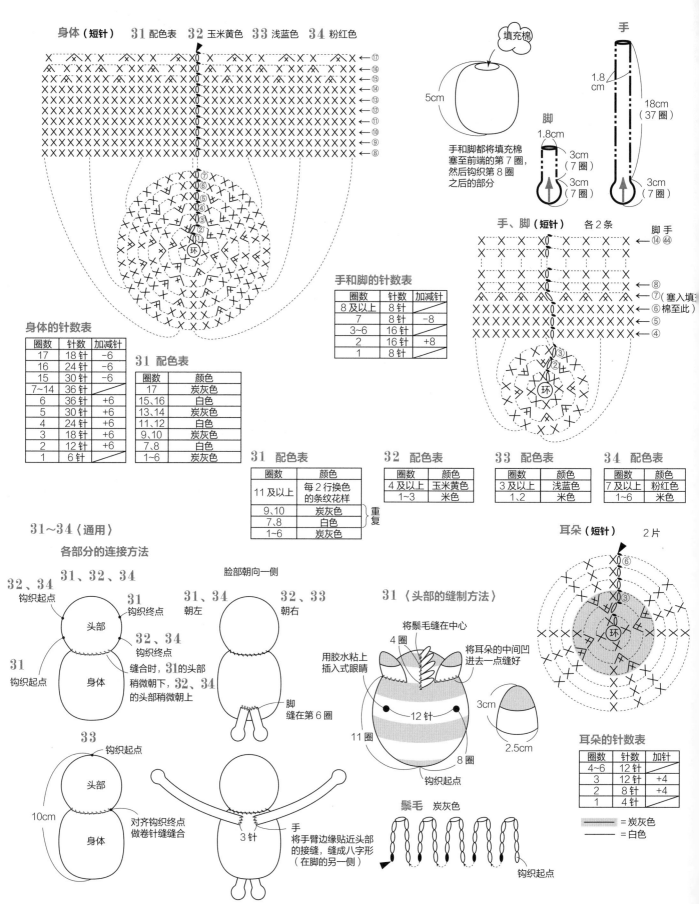

身体（短针） 31 配色表 32 玉米黄色 33 浅蓝色 34 粉红色

填充棉　手
5cm
1.8cm
18cm（37圈）

脚
1.8cm
3cm（7圈）
3cm（7圈）

手和脚都将填充棉塞至前端的第7圈，然后钩织第8圈之后的部分

手、脚（短针） 各2条　脚 手 ⑭ ㊹
⑧
⑦（塞入填充棉至此）
⑥（棉至此）
⑤
④
③ ② 环

身体的针数表

圈数	针数	加减针
17	18针	-6
16	24针	-6
15	30针	-6
7~14	36针	
6	36针	+6
5	30针	+6
4	24针	+6
3	18针	+6
2	12针	+6
1	6针	

31 配色表

圈数	颜色
17	炭灰色
15,16	白色
13,14	炭灰色
11,12	白色
9,10	炭灰色
7,8	白色
1~6	炭灰色

手和脚的针数表

圈数	针数	加减针
8及以上	8针	
7	8针	-8
3~6	16针	
2	16针	+8
1	8针	

31 配色表

圈数	颜色	
11及以上	每2行换色的条纹花样	重复
9,10	炭灰色	
7,8	白色	
1~6	炭灰色	

32 配色表

圈数	颜色
4及以上	玉米黄色
1~3	米色

33 配色表

圈数	颜色
3及以上	浅蓝色
1,2	米色

34 配色表

圈数	颜色
7及以上	粉红色
1~6	米色

31~34〈通用〉

各部分的连接方法

32、34 钩织起点
31、32、34
31 钩织终点
头部
32、34 钩织终点
31 钩织起点
身体

脸部朝向一侧
31、34 朝左
31
32、33 朝右

缝合时，31的头部稍微朝下，32、34的头部稍微朝上

脚 缝在第6圈

33
钩织起点
头部
10cm
身体
对齐钩织终点做卷针缝合

3针
手 将手臂边缘贴近头部的接缝，缝成八字形（在脚的另一侧）

31〈头部的缝制方法〉
将鬃毛缝在中心
4圈
用胶水粘上插入式眼睛
将耳朵的中间凹进去一点缝好
3cm
2.5cm
12针
11圈
8圈
钩织起点

鬃毛 炭灰色
钩织起点

耳朵（短针） 2片

耳朵的针数表

圈数	针数	加针
4~6	12针	
3	12针	+4
2	8针	+4
1	4针	

= 炭灰色
= 白色

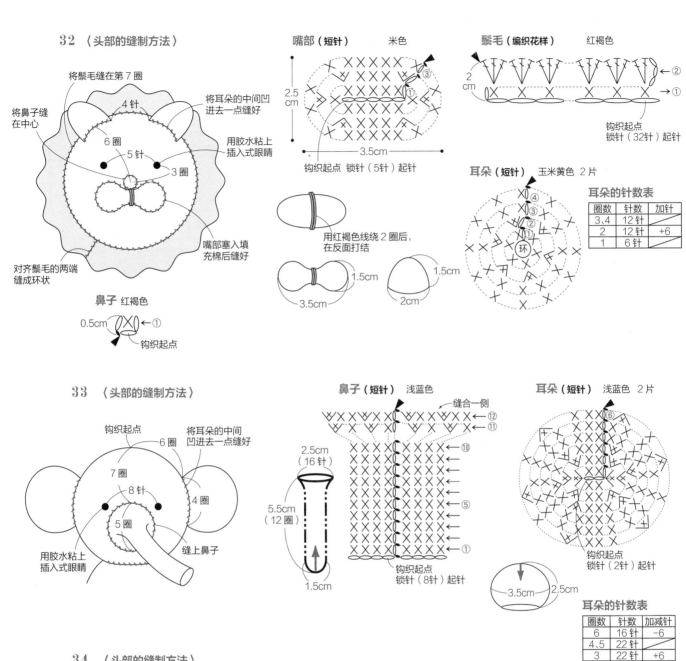

32 〈头部的缝制方法〉

将鬃毛缝在第7圈

将鼻子缝在中心

4针

6圈

5针

3圈

将耳朵的中间凹进去一点缝好

用胶水粘上插入式眼睛

嘴部塞入填充棉后缝好

对齐鬃毛的两端缝成环状

嘴部（短针）　米色

2.5 cm

3.5cm

钩织起点 锁针（5针）起针

③
①

鬃毛（编织花样）　红褐色

2 cm

②
①

钩织起点
锁针（32针）起针

用红褐色线绕2圈后，在反面打结

1.5cm

3.5cm

1.5cm

2cm

耳朵（短针）　玉米黄色　2片

④
③
②
①

环

耳朵的针数表

圈数	针数	加针
3、4	12针	
2	12针	+6
1	6针	

鼻子　红褐色

0.5cm
①
钩织起点

33 〈头部的缝制方法〉

钩织起点

6圈

将耳朵的中间凹进去一点缝好

7圈

8针

4圈

5圈

用胶水粘上插入式眼睛

缝上鼻子

鼻子（短针）　浅蓝色

缝合一侧

⑫
⑪
⑩

⑤

①

2.5cm
（16针）

5.5cm
（12圈）

1.5cm

钩织起点
锁针（8针）起针

耳朵（短针）　浅蓝色　2片

⑥

钩织起点
锁针（2针）起针

3.5cm　2.5cm

耳朵的针数表

圈数	针数	加减针
6	16针	-6
4、5	22针	
3	22针	+6
2	16针	+6
1	10针	

34 〈头部的缝制方法〉

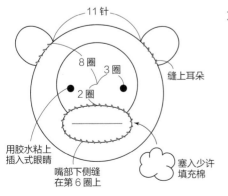

11针

8圈

3圈

2圈

缝上耳朵

用胶水粘上插入式眼睛

嘴部下侧缝在第6圈上

塞入少许填充棉

耳朵（短针）　粉红色　2片

环
①②

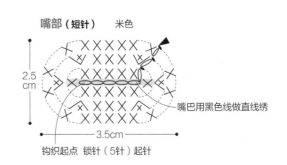

嘴部（短针）　米色

2.5 cm

嘴巴用黑色线做直线绣

3.5cm

钩织起点 锁针（5针）起针

35

准备材料

35: 横田 Dulcian（中粗混纺）/ 茶色（47）…40g，肤色（7）…15g，白色（42）…5g，粉红色（4）、蓝色（50）…各少许
横田 Dulcian（中粗混纺）/ 茶色（47）…40g，肤色（7）…15g，白色（42）…5g，粉红色（4）、蓝色（50）…各少许

36: 横田 Dulcian（中粗混纺）/ 黑色（20）…30g，粉红色（4）…15g，肤色（7）…5g，红色（5）…少许
和麻纳卡 玩偶鼻子 / 黑色 宽9mm（H220-809-1）…1个，和麻纳卡 插入式眼睛 / 黑色 6mm（H221-306-1）…1对

针 钩针6/0号

成品尺寸 **35**深17.5cm，**36**深13.5cm

钩织方法 ※除特别指定外，均为35、36通用的钩织方法

❶ 钩织主体。用线头制作线环，钩入6针短针。
❷ 从第2圈开始，参照图示一边加针一边钩至第6圈。
❸ 接着钩织侧面。一边配色一边钩织短针。
❹ 接着钩织边缘。
❺ 在底部和侧面之间钩织引拔针。
❻ 钩织其他部分。先钩织脸部。用线头制作线环，钩入6针短针。一边参照图示加针，一边钩织6圈短针的配色花样。
❼ 在脸部接线，钩织耳朵和胸部。
❽ 在脸部周围钩织引拔针。
❾ 鼻端用线头制作线环，钩入6针短针。一边加针一边钩至第4圈。
❿ 脚用线头制作线环，钩入6针短针。一边加针一边钩至第3圈。
⓫ 将鼻端缝在脸上，用胶水粘上眼睛和鼻子，再做刺绣。
⓬ 将脸部和脚缝在主体上。
⓭ 蝴蝶结钩20针锁针，缝在主体上。
⓮ 提手钩47针锁针起针，从锁针的里山挑针钩织短针，接着在锁针剩下的2根线里挑针环形钩织。第2圈钩织引拔针。
⓯ 将提手缝在外侧。

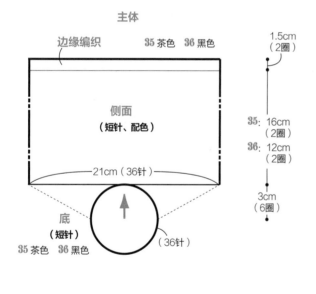

主体

边缘编织　　　　**35** 茶色　**36** 黑色

侧面
（短针、配色）

21cm（36针）

底
（短针）
35 茶色　**36** 黑色

（36针）

1.5cm（2圈）

35: 16cm（2圈）
36: 12cm（2圈）

3cm（6圈）

提手（短针、引拔针）
35 茶色　**36** 黑色

1.5cm

钩织起点 锁针（47针）起针

24cm

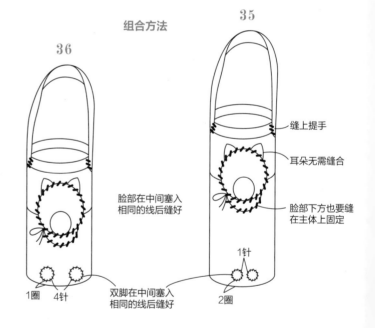

组合方法　　　**35**

36

缝上提手

耳朵无需缝合

脸部在中间塞入相同的线后缝好

脸部下方也要缝在主体上固定

双脚在中间塞入相同的线后缝好

1圈　4针

1针

2圈

脚（短针）　　　**35** 白色　**36** 肤色　各2个

3.5cm

1.5cm

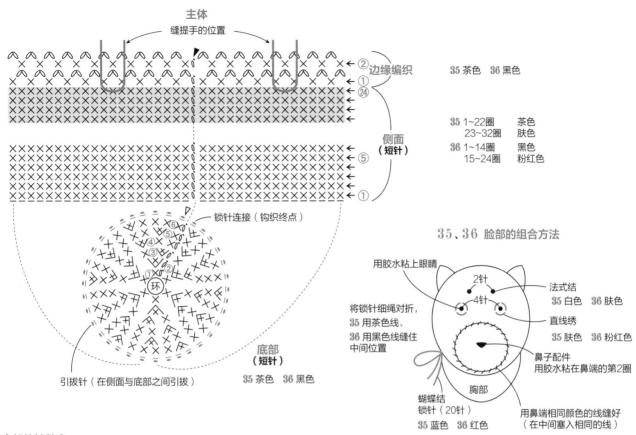

主体

缝提手的位置

② 边缘编织

①

24

侧面（短针）

35 茶色　36 黑色

35　1~22圈　茶色
　　23~32圈　肤色

36　1~14圈　黑色
　　15~24圈　粉红色

⑤

①

锁针连接（钩织终点）

底部（短针）

35 茶色　36 黑色

引拔针（在侧面与底部之间引拔）

35、36 脸部的组合方法

用胶水粘上眼睛

2针

4针

法式结
35 白色　36 肤色

直线绣
35 肤色　36 粉红色

将锁针细绳对折，
35 用茶色线、
36 用黑色线缝住
中间位置

鼻子配件
用胶水粘在鼻端的第2圈

胸部

蝴蝶结
锁针（20针）
35 蓝色　36 红色

用鼻端相同颜色的线缝好
（在中间塞入相同的线）

底部的针数表

圈数	针数	加针
6	36针	+6
5	30针	+6
4	24针	+6
3	18针	+6
2	12针	+6
1	6针	

── 35 茶色　36 黑色

── 35 白色　36 肤色

── 35、36 粉红色

脸部（短针的配色花样）

耳朵

耳朵

安装眼睛的位置

6cm

缝鼻端的位置

1.5cm

胸部

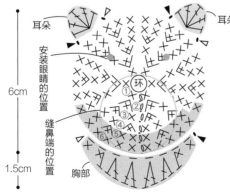

脸部的针数表

圈数	针数	加针
6	30针	
5	30针	+6
4	24针	+6
3	18针	+6
2	12针	+6
1	6针	

脸部周围（引拔针）

35 茶色　36 黑色

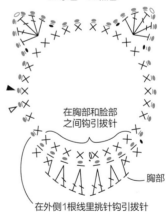

在胸部和脸部之间钩引拔针

胸部

在外侧1根线里挑针钩引拔针

鼻端（短针）

35 白色　36 肤色

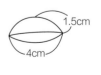

1.5cm

4cm

37

4、5、6 拉链包 图片&重点教程 ▶ p.10 & p.6

准备材料

4: 和麻纳卡 Amerry／棕色（23）…15g、米色（21）…5g、柠檬黄色（25）·黑色（24）…各少许，20cm长的拉链（原白色）…1条

5: 和麻纳卡 Amerry／天蓝色（15）…15g、米色（21）…5g、蓝绿色（12）、黑色（24）…各少许，20cm长的拉链（原白色）…1条

6: 和麻纳卡 Amerry／粉红色（7）…15g、米色（21）…5g、深藏青色（17）·黑色（24）…各少许，20cm长的拉链（原白色）…1条

针 钩针5/0号

成品尺寸 参照图示

钩织方法 ※除特别指定外，均为4、5、6通用的钩织方法

❶ 钩织主体。用线头制作线环，钩入6针短针。从第3圈开始参照图示加针，钩至第5圈。

❷ 接着留出6针，如图所示往返钩织2行。

❸ 接着按编织花样钩织身体。

❹ 从主体上挑针钩织包口部分，一边配色一边钩织短针。

❺ 鼻子用线头制作线环，钩入6针短针，最后穿线收紧。

❻ 缝上鼻子。绣上眼睛。

❼ 缝上拉链。

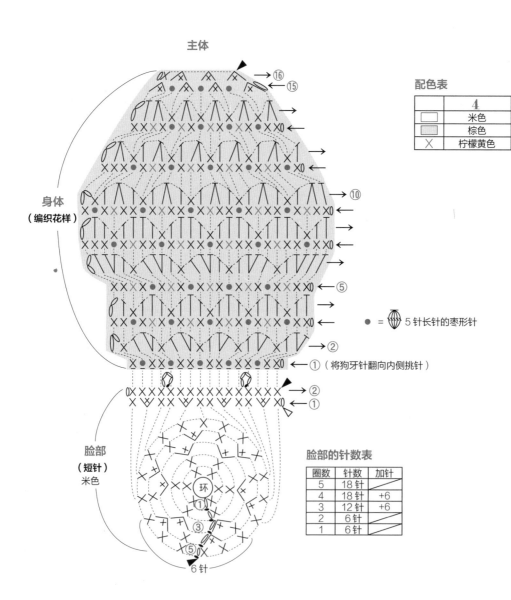

主体

身体
（编织花样）

脸部
（短针）
米色

● = 5针长针的枣形针

（将狗牙针翻向内侧挑针）

6针

配色表

	4	5	6
⬜	米色	米色	米色
▨	棕色	天蓝色	粉红色
✕	柠檬黄色	蓝绿色	深藏青色

脸部的针数表

圈数	针数	加针
5	18针	
4	18针	+6
3	12针	+6
2	6针	
1	6针	

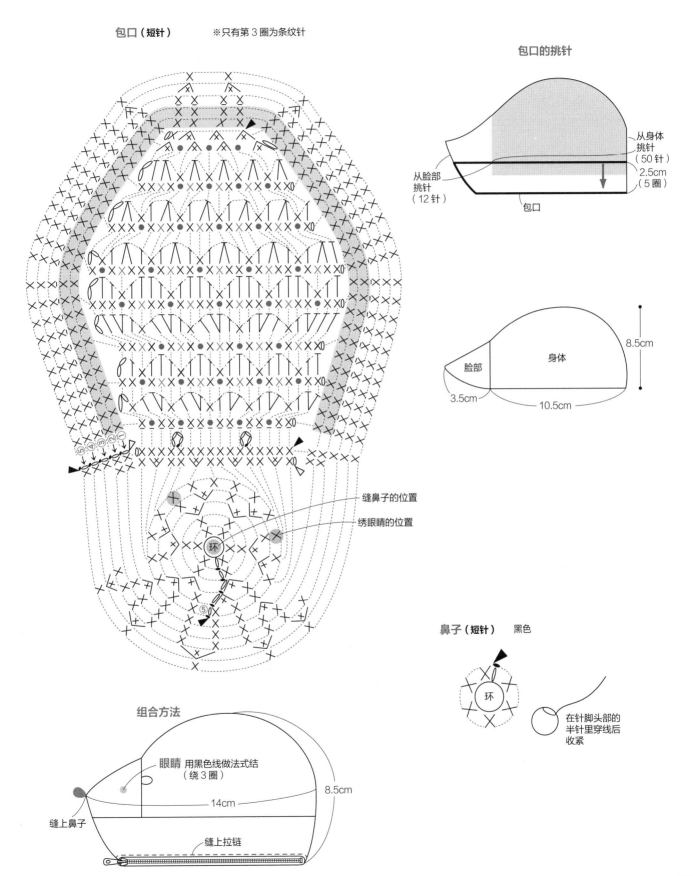

包口（短针）　　※只有第3圈为条纹针

包口的挑针

从身体
挑针
（50针）
2.5cm
（5圈）

从脸部
挑针
（12针）

包口

缝鼻子的位置

绣眼睛的位置

8.5cm

脸部　　身体

3.5cm　　10.5cm

鼻子（短针）　黑色

环

在针脚头部的
半针里穿线后
收紧

组合方法

眼睛 用黑色线做法式结
（绕3圈）

8.5cm

14cm

缝上鼻子

缝上拉链

准备材料

7: 横田 Classic Tweed / 芥末黄色（8）…75g、棕色（6）…45g、
深灰色（1）…35g

8: 横田 Classic Tweed / 深藏青色（2）…75g、象牙白色（7）…
45g、砖红色（5）…35g

针 钩针7/0号

成品尺寸 宽28cm，深26cm

钩织方法 ※除特别指定外，均为**7**、**8**通用的钩织方法

❶主体钩100针锁针起针后连接成环状，从锁针的半针和里山挑针，钩织短针的配色花样。

❷从第2圈开始，按短针的条纹针配色花样A环形钩织32圈。

❸接着按短针的条纹针配色花样B钩织6圈，再钩织1圈引拔针。

❹将织物的正面翻至内侧，钩引拔针接合底部。

❺提手钩55针锁针起针，从锁针的里山挑针钩织引拔针。从第2行开始参照图示钩织（参照p.7）。

❻将提手缝在主体的内侧。

编织花样A的配色表	**7**	**8**
☐	芥末黄色	深藏青色
▨	棕色	象牙白色

编织花样B的配色表	**7**	**8**
☐	芥末黄色	象牙白色
▨	深灰色	砖红色

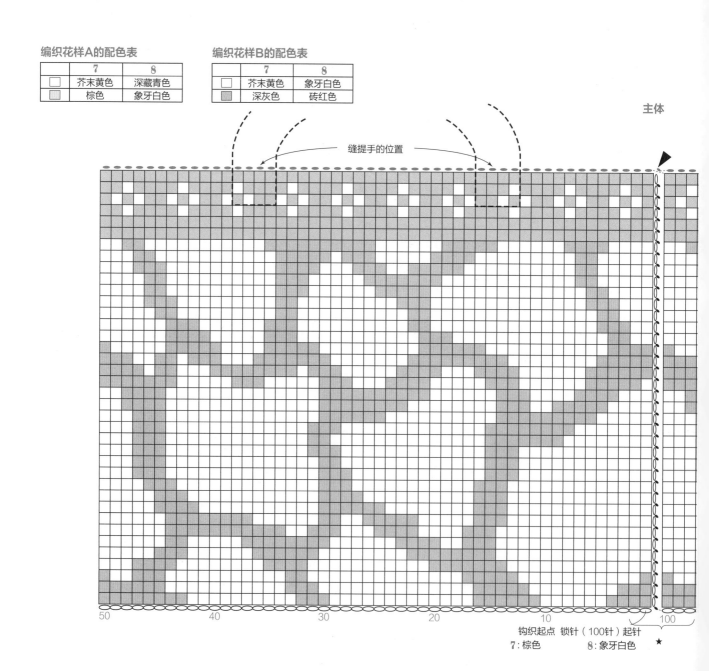

缝提手的位置

主体

50　　　　40　　　　30　　　　20　　　　10　　　　100

钩织起点 锁针（100针）起针

7：棕色　　　　**8**：象牙白色　★

组合方法

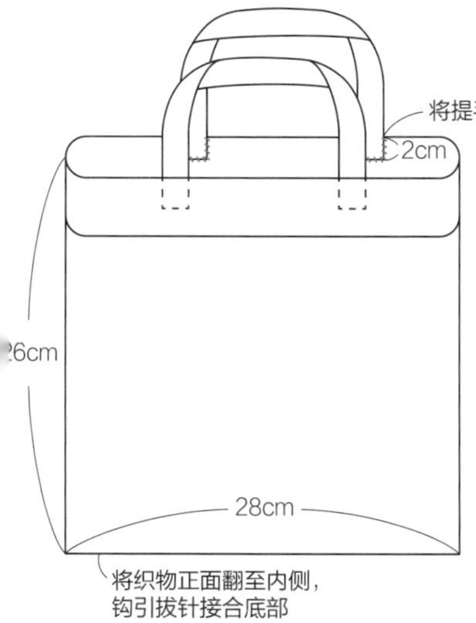
将提手缝在内侧
2cm
26cm
28cm
将织物正面翻至内侧，
钩引拔针接合底部

7：棕色　8：象牙白色

主体

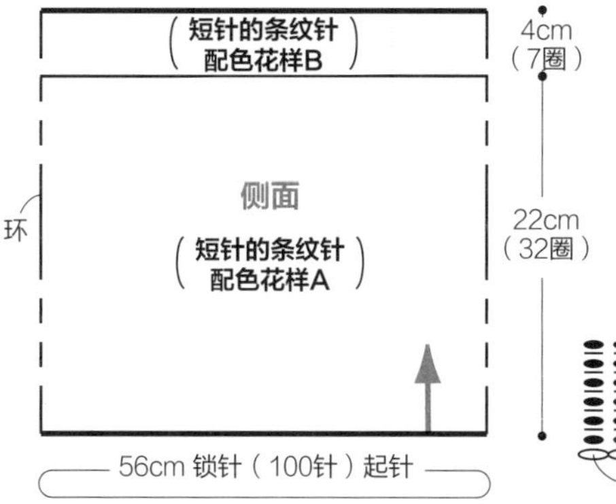
（短针的条纹针 配色花样B）
4cm （7圈）
侧面
（短针的条纹针 配色花样A）
环
22cm （32圈）
56cm 锁针（100针）起针

提手（引拔针的棱针）

7：深灰色　8：砖红色　2条

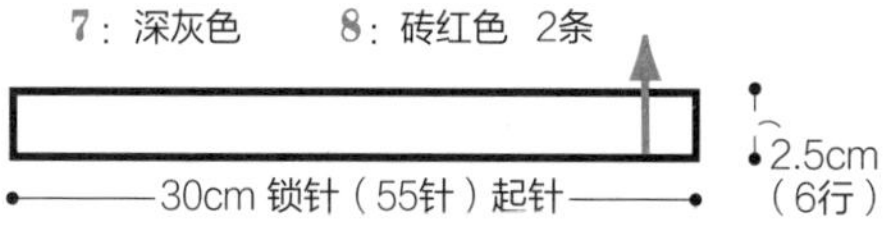
2.5cm （6行）
30cm 锁针（55针）起针

提手（引拔针的棱针）

2条

7：深灰色　8：砖红色

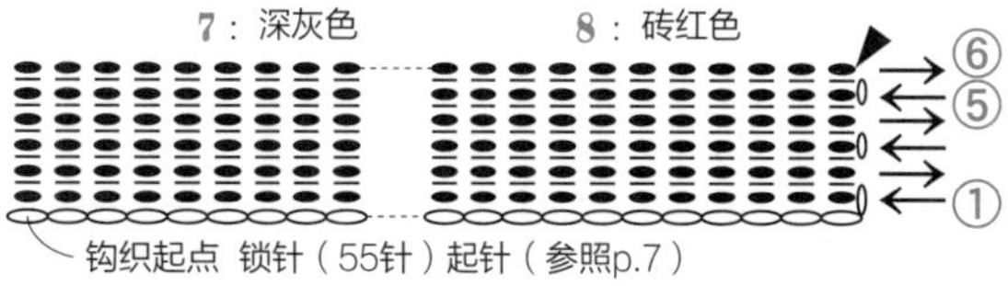
⑥
⑤
①
钩织起点 锁针（55针）起针（参照p.7）

主体

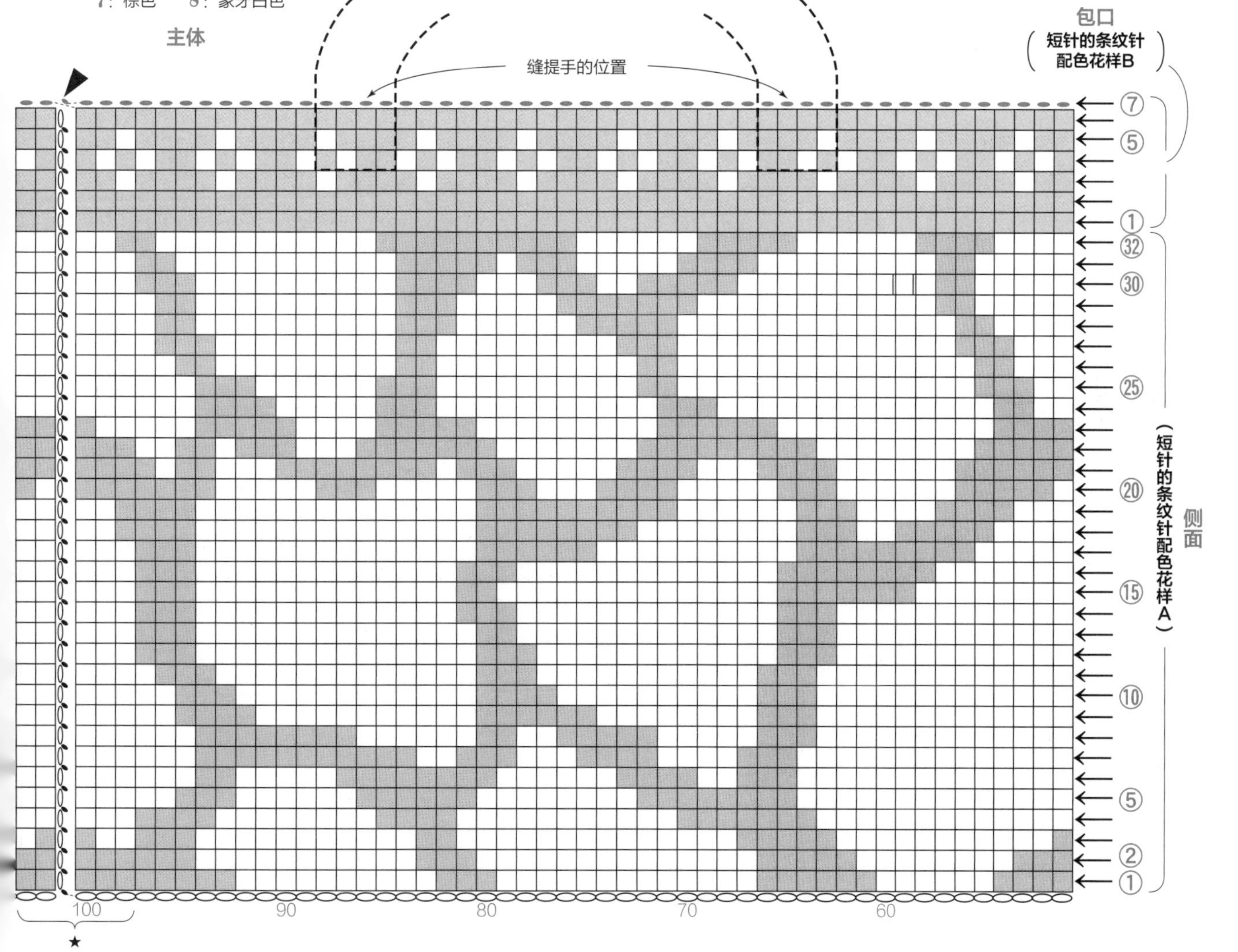
包口
（短针的条纹针 配色花样B）
缝提手的位置
⑦
⑤
①
㉜
㉚
㉕
⑳
⑮
⑩
⑤
②
①
（短针的条纹针配色花样A）
侧面
100
90
80
70
60
★

9、10、11 钥匙包 图片 ▶ p.14

准备材料

9: 和麻纳卡 Wanpaku Denis／紫色（62）·蓝色（8）…各5g、
黄绿色（53）·玫红色（38）·橙色（44）·白色（2）·黑色（17）
…各少许，直径2cm的双圈钥匙扣…1个

10: 和麻纳卡 Wanpaku Denis／玫红色（38）·粉红色（9）…各
5g、黄色（43）·绿色（33）·黄绿色（53）·白色（2）·黑色（17）
…各少许，直径2cm的双圈钥匙扣…1个

11: 和麻纳卡 Wanpaku Denis／绿色（33）·黄绿色（53）…各
5g、红色（10）·紫色（62）·黄色（43）·白色（2）·黑色（17）
…各少许，直径2cm的双圈钥匙扣…1个

针 钩针5/0号

成品尺寸 参照图示

钩织方法 ※除特别指定外，均为9、10、11通用的钩织方法

❶钩织主体。钩7针锁针起针，从锁针的里山挑针钩织短针，参照图示一边配色一边钩织。
❷从主体上挑针，一边配色一边钩织边缘的短针。
❸接线钩织尾巴。从锁针的里山挑针钩织。
❹钩织翅膀。钩4针锁针起针，从锁针的里山挑针钩织，接着从锁针剩下的2根线里挑针钩织1圈。第2圈换色钩织短针。
❺细绳钩45针锁针起针，穿入钥匙扣后在第1针里引拔，连接成环状。
❻小饰球用线头制作线环，钩入6针短针，环形钩织3圈。
❼对称地缝上翅膀。
❽对称地绣上眼睛。
❾留出包口和穿绳孔，用平针缝缝合2片主体。
❿接线钩织鸟嘴。
⓫将细绳穿过主体，再将小饰球缝在细绳上。

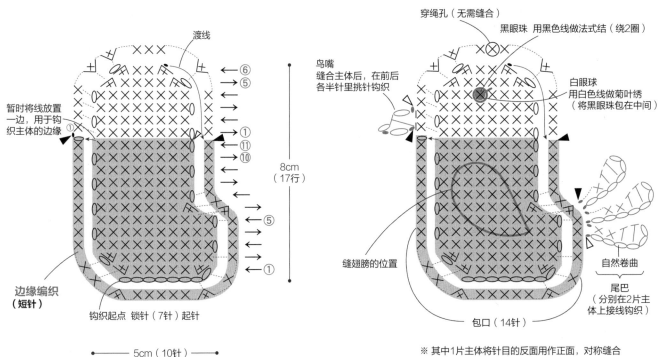

主体（短针） 2片

渡线

暂时将线放置一边，用于钩织主体的边缘

边缘编织（短针）

钩织起点 锁针（7针）起针

5cm（10针）

8cm（17行）

穿绳孔（无需缝合）

黑眼珠 用黑色线做法式结（绕2圈）

鸟嘴 缝合主体后，在前后各半针里挑针钩织

白眼球 用白色线做菊叶绣（将黑眼珠包在中间）

缝翅膀的位置

自然卷曲

尾巴（分别在2片主体上接线钩织）

包口（14针）

※ 其中1片主体将针目的反面用作正面，对称缝合

42

配色表

	9	10	11
✕、细绳	蓝色	粉红色	黄绿色
✕	紫色	玫红色	绿色
✕	玫红色	绿色	紫色
✕、小饰球	橙色	黄绿色	黄色
鸟嘴、尾巴	黄绿色	黄色	红色

细绳

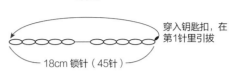

穿入钥匙扣，在第1针里引拔

18cm 锁针（45针）

在钥匙扣里穿入细绳

翅膀（编织花样）

2片

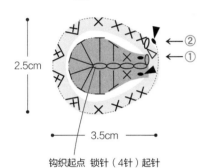

2.5cm

3.5cm

钩织起点 锁针（4针）起针

← ②
← ①

小饰球（短针）

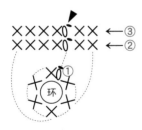

← ③
← ②
① 环

在所有针脚里穿线后备用

1.5cm

组合方法

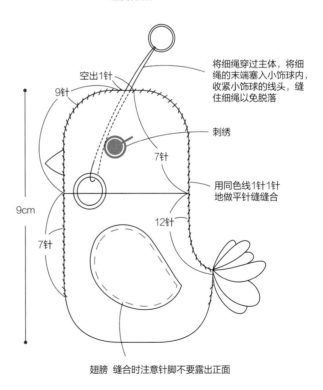

空出1针

9针

将细绳穿过主体，将细绳的末端塞入小饰球内，收紧小饰球的线头，缝住细绳以免脱落

刺绣

7针

用同色线1针1针地做平针缝缝合

12针

9cm

7针

翅膀 缝合时注意针脚不要露出正面

7.5cm

12、13、14、15、16 杯垫 图片 ► p.16

准备材料

12: 横田 Dulcian（中粗混纺）/白色（42）·粉红色（4）…各10g、
红色（5）…少许，填充棉…少许

13: 横田 Dulcian（中粗混纺）/白色（42）…15g、黑色（20）…
10g、芥末黄色（24）·茶色（47）…各少许，填充棉…少许

14: 横田 Dulcian（中粗混纺）/肤色（7）…15g、白色（42）…10g、
粉红色（4）·黑色（20）…各少许，填充棉…少许

15: 横田 Dulcian（中粗混纺）/茶色（47）·肤色（7）·芥末黄色
（24）…各10g、黑色（20）…少许，填充棉…少许

16: 横田 Dulcian（中粗混纺）/黑色（20）…15g、蓝色（50）…5g、
粉红色（4）·芥末黄色（24）…各少许，填充棉…少许

针　钩针6/0号

成品尺寸　直径13cm

钩织方法 ※❶、❷是通用的钩织方法
❶钩织主体。用线头制作线环，**12**、**13**、**15**、**16**在线环中钩入16针长针，
14在线环中钩入8个花样。从第2圈开始，参照图示一边加针一边钩至第
4圈。接着钩织边缘。
❷钩织头部。用线头制作线环，**12**、**14**、**16**在线环中钩入6针短针，**13**、
15在线环中钩入5针短针。从第2圈开始，如图所示一边加减针一边钩织。
12 小兔子
❸钩织尾巴。用线头制作线环，钩入6针短针。从第2圈开始，如图所示
　一边加减针一边钩织。
❹钩织耳朵。钩7针锁针起针，从锁针的里山挑针，如图所示钩织。
❺将耳朵缝在头部，再绣上眼睛和鼻子。
❻将头部和尾巴缝在主体上。
13 小牛
❸钩织耳朵、牛角、尾巴。钩锁针起针，从锁针的里山挑针，如图所示钩织。
❹钩织大、小2片圆形花纹。都用线头制作线环，钩入6针短针。从第2
　圈开始，参照图示一边加针一边钩织。
❺口衔钩织锁针。
❻将耳朵、牛角、口衔缝在头部，再绣上眼睛。
❼将头部、尾巴以及大、小2片圆形花纹缝在主体上。
14 小羊
❸钩织耳朵和尾巴。钩锁针起针，从锁针的里山挑针，如图所示钩织。
❹将耳朵缝在头部，再绣上眼睛。
❺将头部和尾巴缝在主体上。
15 长颈鹿
❸耳朵、鹿角、尾巴按**13**相同要领钩织。
❹脖子按头部相同要领钩至第6圈。
❺将耳朵和鹿角缝在头部，再绣上眼睛。
❻将尾巴和脖子缝在主体上。
16 小猫
❸钩织耳朵和尾巴。钩锁针起针，从锁针的里山挑针，如图所示钩织。
❹将耳朵缝在头部，再绣上眼睛和鼻子。
❺将头部和尾巴缝在主体上。

12小兔子、13 小牛、15 长颈鹿、16 小猫
主体（长针） ※只有**15**配色钩织

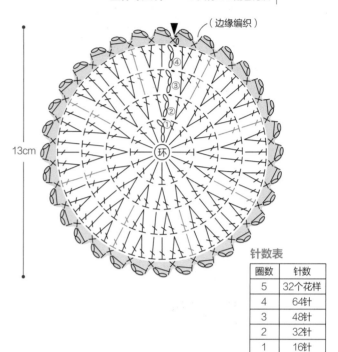

（边缘编织）

13cm

针数表

圈数	针数
5	32个花样
4	64针
3	48针
2	32针
1	16针

14　小羊　主体（编织花样）

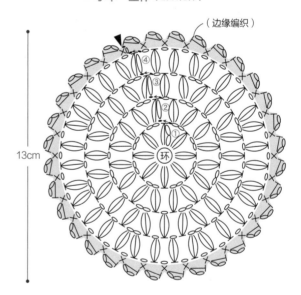

（边缘编织）

13cm

配色表

圈数	12 小兔子	13 小牛	14 小羊	15 长颈鹿	16 小猫
边缘编织	白色	黑色	白色	肤色	蓝色
1~4	粉红色	白色	肤色	茶色	黑色

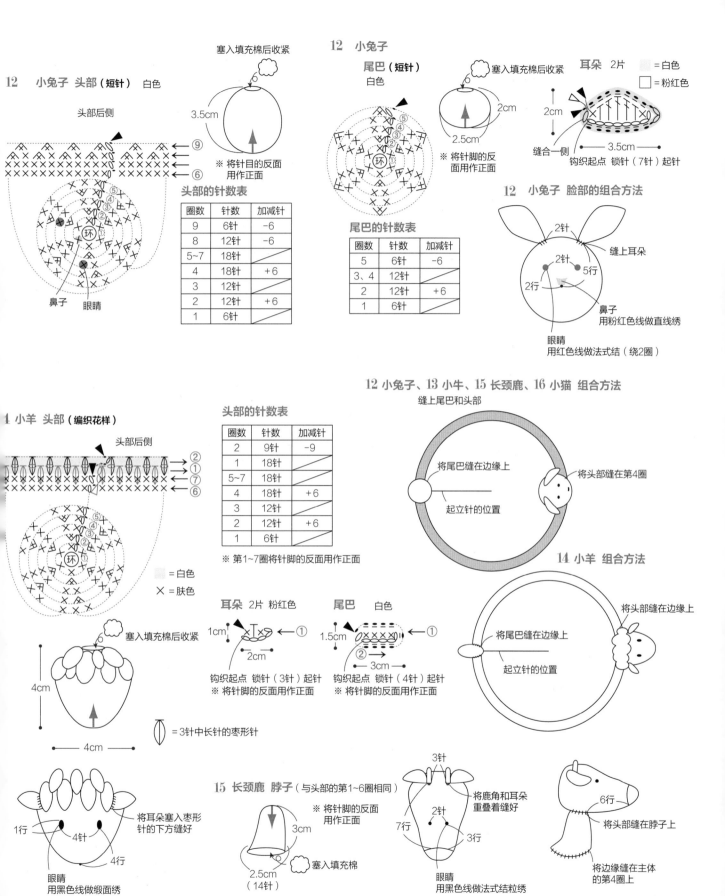

12　小兔子　头部（短针）　白色

头部后侧

塞入填充棉后收紧

3.5cm

※将针目的反面用作正面

⑨ ⑥

鼻子　眼睛

头部的针数表

圈数	针数	加减针
9	6针	-6
8	12针	-6
5~7	18针	
4	18针	+6
3	12针	
2	12针	+6
1	6针	

12　小兔子

尾巴（短针）
白色

塞入填充棉后收紧

2cm

2.5cm

※将针脚的反面用作正面

尾巴的针数表

圈数	针数	加减针
5	6针	-6
3、4	12针	
2	12针	+6
1	6针	

耳朵　2片

▨ =白色
□ =粉红色

2cm

3.5cm

缝合一侧
钩织起点 锁针（7针）起针

12　小兔子　脸部的组合方法

2针
缝上耳朵
2针
5行
2行
鼻子
用粉红色线做直线绣
眼睛
用红色线做法式结（绕2圈）

14　小羊　头部（编织花样）

头部后侧

② ① ⑦ ⑥

头部的针数表

圈数	针数	加减针
2	9针	-9
1	18针	
5~7	18针	
4	18针	+6
3	12针	
2	12针	+6
1	6针	

※第1~7圈将针脚的反面用作正面

▨ =白色
× =肤色

塞入填充棉后收紧

4cm

4cm

1行　4针
4行

眼睛
用黑色线做缎面绣

耳朵　2片　粉红色
1cm
2cm
钩织起点 锁针（3针）起针
※将针脚的反面用作正面

尾巴　白色
1.5cm
3cm
钩织起点 锁针（4针）起针
※将针脚的反面用作正面

◖ =3针中长针的枣形针

将耳朵塞入枣形针的下方缝好

12 小兔子、13 小牛、15 长颈鹿、16 小猫　组合方法

缝上尾巴和头部

将尾巴缝在边缘上
起立针的位置
将头部缝在第4圈

14　小羊　组合方法

将头部缝在边缘上
将尾巴缝在边缘上
起立针的位置

15　长颈鹿　脖子（与头部的第1~6圈相同）

3cm
※将针脚的反面用作正面
2.5cm（14针）
塞入填充棉

3针
将鹿角和耳朵重叠着缝好
2针
7行
3行
眼睛
用黑色线做法式结粒绣

6行
将头部缝在脖子上
将边缘缝在主体的第4圈上

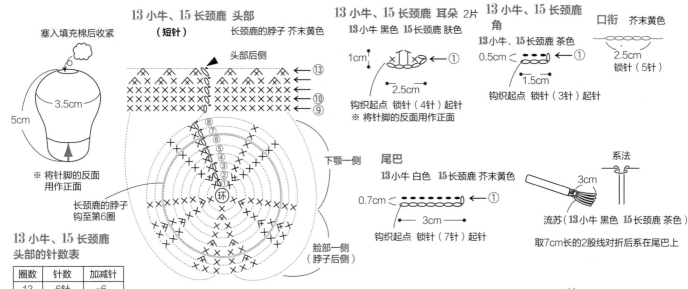

塞入填充棉后收紧

3.5cm
5cm

※ 将针脚的反面
用作正面

13 小牛、15 长颈鹿 头部
（短针）

头部后侧

长颈鹿的脖子 芥末黄色

←⑬
←⑩
←⑨

⑧⑦⑥⑤④③②①环

长颈鹿的脖子
钩至第6圈

下颚一侧

脸部一侧
（脖子后侧）

13 小牛、15 长颈鹿 耳朵 2片
13 小牛 黑色 15 长颈鹿 肤色

1cm
←①
2.5cm

钩织起点 锁针（4针）起针
※ 将针脚的反面用作正面

13 小牛、15 长颈鹿
角
13 小牛、15 长颈鹿 茶色

0.5cm<
←①
1.5cm

钩织起点 锁针（3针）起针

口衔 芥末黄色

2.5cm
锁针（5针）

尾巴
13 小牛 白色 15 长颈鹿 芥末黄色

0.7cm<
←①
3cm

钩织起点 锁针（7针）起针

系法

3cm

流苏（**13 小牛 黑色 15 长颈鹿 茶色**）

取7cm长的2股线对折后系在尾巴上

13 小牛、15 长颈鹿
头部的针数表

圈数	针数	加减针
13	6针	-6
12	12针	-6
8~11	18针	
7	18针	+4
6	14针	+4
5	14针	+4
3、4	10针	
2	10针	+5
1	5针	

13 小牛 配色表

圈数	颜色
4~13	白色
1~3	黑色

15 长颈鹿 配色表

圈数	颜色
3~13	芥末黄色
1、2	茶色

13 小牛 圆形花纹 大、小 各1片
（短针） 黑色 ※ 将针脚的反面用作正面
※ 小花纹钩至第3圈

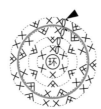

环

13 小牛 圆形花纹的针数表

圈数	针数	加针
4	24针	+6
3	18针	+6
2	12针	+6
1	6针	

4针
将牛角和耳朵重
叠着缝好
眼睛
用黑色线做
法式结（绕2圈）
6行
4针
3行
2行
穿入口衔缝好

13 小牛 组合方法

缝上圆形花纹
大 4.5cm
1.5cm
1行
1行
缝好
小 3.5cm

16 小猫 头部（短针） 黑色

头部后侧

←⑩
←⑨
←⑥

⑤④③②①环

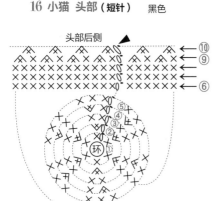

塞入填充棉后收紧

3.5cm

※ 将针脚的反面用作正面

头部的针数表

圈数	针数	加减针
10	6针	-6
9	12针	-6
5~8	18针	
4	18针	+6
3	12针	
2	12针	+6
1	6针	

尾巴 黑色

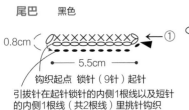

0.8cm<
←①
5.5cm

钩织起点 锁针（9针）起针
引拔针在起针锁针的内侧1根线以及短针
的内侧1根线（共2根线）里挑针钩织

缝在边缘上
尾巴

耳朵 2片

1.5cm
←①
②
1.5cm

钩织起点 锁针（2针）起针

▨ = 粉红色
⊖ = 黑色

耳朵 缝在第7圈

3针
4针
1行
2针
3行

眼睛
用芥末黄色线（分
股线）做直线绣
鼻子
用粉红色线做直线绣

准备材料

17: 横田 Super Wash Merino／本白色（1）…10g、浅灰色（8）·
Soft Lambs Sport／黑色（15）…各少许，和麻纳卡 插入式眼睛
3mm（H221-303-1）…1对，填充棉…少许

18: 横田 Super Wash Merino／钴蓝色（4）…10g、本白色（1）·
Soft Lambs Sport／黑色（15）…各少许，和麻纳卡 插入式眼睛
3mm（H221-303-1）…1对，填充棉…少许

19: 横田 Super Wash Merino／巧克力色（7）…10g、本白色（1）·
Soft Lambs Sport／黑色（15）…各少许，和麻纳卡 插入式眼睛
3mm（H221-303-1）…1对，填充棉…少许

20: 横田 Super Wash Merino／酸橙黄色（2）…10g、本白色（1）·
Soft Lambs Sport／黑色（15）…各少许，和麻纳卡 插入式眼睛
3mm（H221-303-1）…1对，填充棉…少许

21: 横田 Super Wash Merino／靛蓝色（5）…10g、本白色（1）·
Soft Lambs Sport／黑色（15）…各少许，和麻纳卡 插入式眼睛
3mm（H221-303-1）…1对，填充棉…少许

22: 横田 Super Wash Merino／橄榄绿色（3）…10g、本白色（1）·
Soft Lambs Sport／黑色（15）…各少许，和麻纳卡 插入式眼睛
3mm（H221-303-1）…1对，填充棉…少许

钩针 钩针3/0号

成品尺寸 参照图示

钩织方法 ※除特别指定外，均为17、18、19、20、21、22通用的钩织方法

❶ 钩织身体和头部。都是用线头制作线环，钩入6针短针。从第2圈开始，如图所示一边加减针一边环形钩织。塞入填充棉。
❷ 钩织手和脚。都是用线头制作线环，脚钩入6针短针，手钩入4针短针。从第2圈开始如图所示环形钩织。
❸ 钩织耳朵、耳朵的内侧。都是用线头制作线环，如图所示钩织。
❹ 钩织鼻子。用线头制作线环，钩入3针短针。将钩针的反面朝外收紧。
❺ 将耳朵、鼻子缝在头部，用胶水粘上眼睛。
❻ 将头部缝在身体上。
❼ 缝上手、脚、尾巴。

17 ~ 22

― =	17 本白色	18 钴蓝色	19 巧克力色	20 酸橙黄色
	21 靛蓝色	22 橄榄绿色		
― =	17 浅灰色	18 ~ 22 本白色		

脚（短针） 2条　　　　**手（短针）** 2条

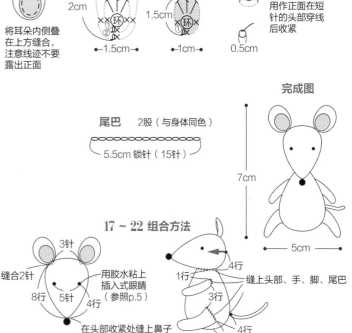

身体（短针）

缝尾巴的位置

填充棉　3cm　3.5cm

身体的针数表

圈数	针数	加减针
11、12	12针	
10	12针	-6
9	18针	
8	18针	-6
5~7	24针	
4	24针	+6
3	18针	+6
2	12针	+6
1	6针	

头部（短针）

填充棉　3cm　2cm

头部后侧

头部的针数表

圈数	针数	加减针
11	6针	-6
10	12针	
9	12针	-3
8	15针	
7	15针	-5
5、6	20针	
4	20针	+2
3	18针	+6
2	12针	+6
1	6针	

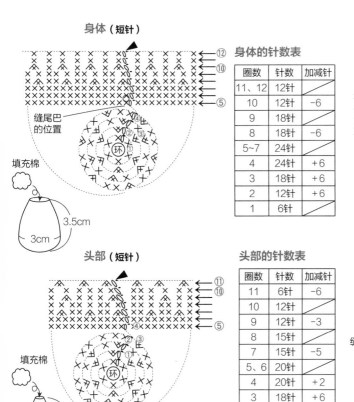

耳朵 2片

2cm　→1.5cm←

将耳朵内侧叠在上方缝合，注意线迹不要露出正面

耳朵内侧 2片

1.5cm　→1cm←

鼻子 17~22 通用

Soft Lambs Sport 黑色

将钩针脚的反面用作正面在短针的头部穿线后收紧

0.5cm

尾巴 2股（与身体同色）

5.5cm 锁针（15针）

完成图

7cm　5cm

17 ~ 22 组合方法

3针
缝合2针
8行 5针 4行
用胶水粘上插入式眼睛（参照p.5）
在头部收紧处缝上鼻子

4行
1行　3行
缝上头部、手、脚、尾巴
3行　4行

1、2、3 口金包 图片&重点教程 ▶ p.8 & p.5

准备材料

1: 芭贝 Queen Anny／黑色（803）…35g、本白色（880）·粉红色（938）…各少许，New 4PLY／黑色（424）·本白色（403）·芥末黄色（471）…各少许，和麻纳卡 口金／银灰色 4cm×7.5cm（H207-004-3）…1个

2: 芭贝 Queen Anny／浅茶色（955）…40g、茶色（831）…5g，New 4PLY／黑色（424）·本白色（403）…各少许，和麻纳卡 口金／银灰色 4cm×7.5cm（H207-004-3）…1个

3: 芭贝 Queen Anny／深灰色（832）…35g、本白色（880）…5g、黑色（803）·粉红色（938）…各少许，New 4PLY／黑色（424）·本白色（403）…各少许，和麻纳卡 口金／银灰色 4cm×7.5cm（H207-004-3）…1个

针 钩针6/0号、3/0号

成品尺寸 宽10cm、深13cm

钩织方法 ※除特别指定外，均为1、2、3通用的钩织方法

❶钩织身体。用线头制作线环，钩入6针短针。从第2圈开始，参照图示一边加针一边钩至第7圈。从第8圈开始，无需加减针钩至第30圈。

❷钩织前脚。用线头制作线环，钩入4针短针。在第2圈加至8针，从第3圈开始无需加减针钩至第9圈。**3**一边配色一边钩织。

❸钩织尾巴。用线头制作线环，钩入3针短针。在第2圈加至6针，从第3圈开始无需加减针钩至第13圈。**3**一边配色一边钩织。

❹耳朵、耳朵内侧都是钩锁针起针，如图所示钩织短针。将耳朵和耳朵内侧重叠着缝好。

❺钩织后脚。**2**用线头制作线环，钩入4针短针。如图所示加针至第3圈。从第4圈开始，无需加减针钩至第12圈。**1、3**用线头制作线环，如图所示钩织。肉垫钩4针锁针起针，如图所示钩织。将肉垫重叠在后脚上缝好。脚趾上的肉垫做锁链绣。

❻钩织1的鼻子。用线头制作线环，如图所示钩织。绣上鼻子和嘴巴。

❼在身体上安装口金后，缝上耳朵。

❽缝上耳朵之外的其他部分。**2**在各部分做轮廓绣后再进行缝合。

❾完成脸部的刺绣。

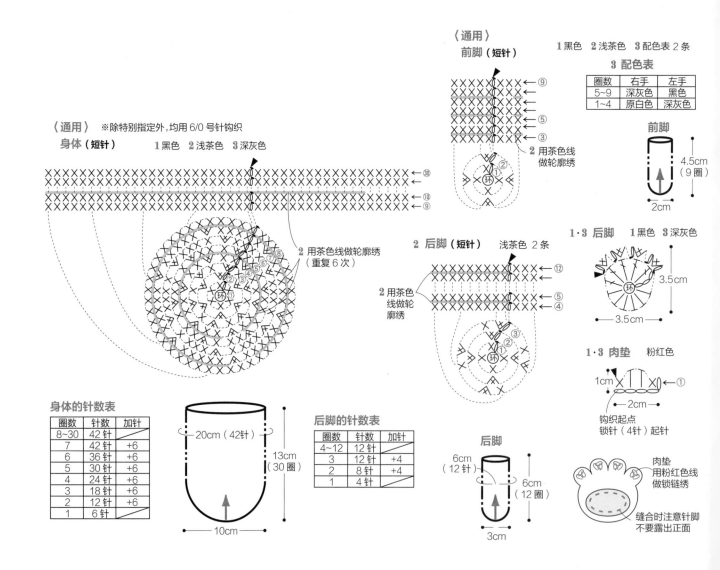

身体的针数表

圈数	针数	加针
8~30	42针	
7	42针	+6
6	36针	+6
5	30针	+6
4	24针	+6
3	18针	+6
2	12针	+6
1	6针	

后脚的针数表

圈数	针数	加针
4~12	12针	
3	12针	+4
2	8针	+4
1	4针	

3 配色表

圈数	右手	左手
5~9	深灰色	黑色
1~4	原白色	深灰色

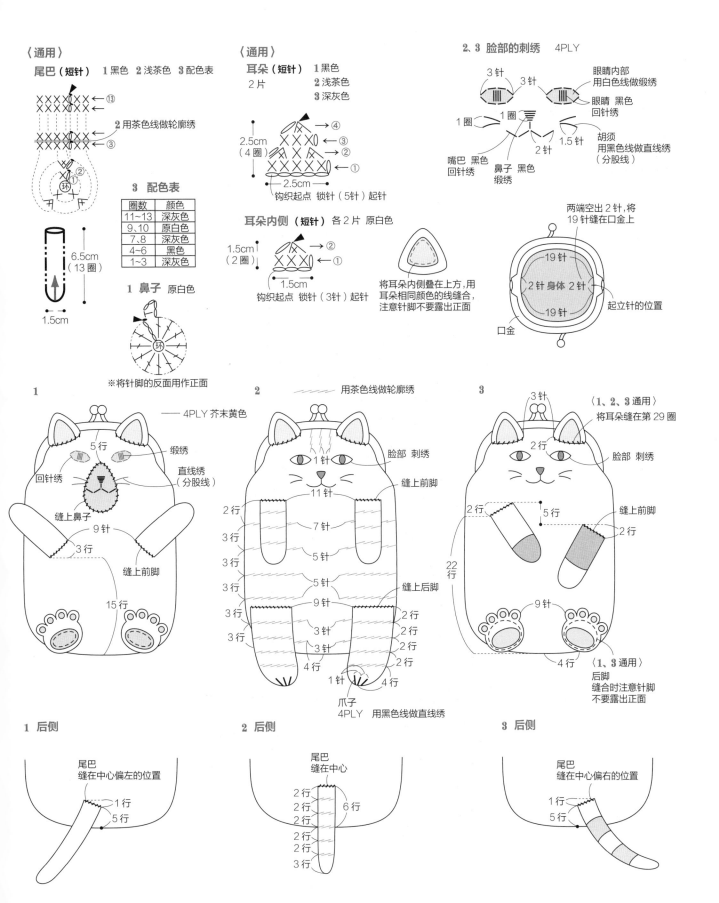

〈通用〉
尾巴（短针）　1 黑色　2 浅茶色　3 配色表

⑬
2 用茶色线做轮廓绣
③

6.5cm
（13圈）

1.5cm

3 配色表

圈数	颜色
11~13	深灰色
9、10	原白色
7、8	深灰色
4~6	黑色
1~3	深灰色

〈通用〉
耳朵（短针）　1 黑色
2 片　　　　　2 浅茶色
　　　　　　　3 深灰色

2.5cm
（4圈）
④
③
②
①

2.5cm
钩织起点　锁针（5针）起针

耳朵内侧（短针）　各 2 片 原白色

1.5cm
（2圈）
②
①

1.5cm
钩织起点　锁针（3针）起针

将耳朵内侧叠在上方，用
耳朵相同颜色的线缝合，
注意针脚不要露出正面

1 鼻子　原白色

环

※将针脚的反面用作正面

2、3 脸部的刺绣　4PLY

3针
3针
眼睛内部
用白色线做缎绣
眼睛 黑色
回针绣

1圈　1圈

嘴巴 黑色
回针绣
2针
1.5针
鼻子 黑色
缎绣
胡须
用黑色线做直线绣
（分股线）

两端空出 2 针，将
19 针缝在口金上

19针
2针 身体 2针
19针

起立针的位置

口金

1

4PLY 芥末黄色

5行
缎绣
回针绣
直线绣
（分股线）
缝上鼻子
9针
3行
缝上前脚
15行

2
用茶色线做轮廓绣

1针
11针
7针
5针
5针
9针
3针
3针
1针
缝上前脚
缝上后脚
2行
2行
2行
2行
2行
4行
4行

2行
3行
3行
3行
3行

爪子
4PLY　用黑色线做直线绣

3

3针
2行
1针
5行
2行
缝上前脚
2行

〈1、2、3 通用〉
将耳朵缝在第 29 圈

脸部 刺绣

22针

9针
4行

〈1、3 通用〉
后脚
缝合时注意针脚
不要露出正面

1 后侧

尾巴
缝在中心偏左的位置

1行
5行

2 后侧

尾巴
缝在中心

6行
2行
2行
2行
2行
2行
3行

3 后侧

尾巴
缝在中心偏右的位置

1行
5行

27、28、29、30 书签 图片 ▶ p.22

准备材料

27: 横田 小卷Café Demi／白色（29）…5g、粉红色（1）・米色（11）・黑色（30）…各少许

28: 横田 小卷Café Demi／灰色（28）・黑色（30）…各5g、黄绿色（13）…少许

29: 横田 小卷Café Demi／米色（11）…5g、本白色（9）・灰色（28）…各少许

30: 横田 小卷Café Demi／橙色（7）…5g、本白色（9）・黑色（30）…各少许

针 钩针2/0号

成品尺寸 长度 **27** 14.5cm、**28** 14cm、**29** 15cm、**30** 15.5cm

钩织方法 ※除特别指定外，均为27、28、29、30通用的钩织方法

❶钩织主体。27、28、30钩1针锁针起针，从锁针的半针和里山挑针钩织。从第2行开始，参照图示一边加减针一边钩织。28、29、30在中途钩织小脚。29钩8针锁针起针，从锁针的半针和里山挑针钩引拔针作为尾巴。接着从尾巴上挑针，参照图示一边加减针一边钩织长针，在中途钩织小脚。

❷钩织头部。从主体接着钩6针锁针起针，然后在这6针锁针的第1针上引拔，连接成环状。接着环形钩织短针，锁针部分从半针和里山挑针。从第2圈开始，参照图示一边加减针一边钩织。

❸钩织耳朵。钩锁针起针，从锁针的半针和里山挑针，如图所示钩织。

❹27缝上耳朵，绣上眼睛和嘴巴。28、30缝上耳朵，绣上眼睛。29缝上耳朵，绣上眼睛和牛角。口衔钩10针锁针起针，穿入头部打结。

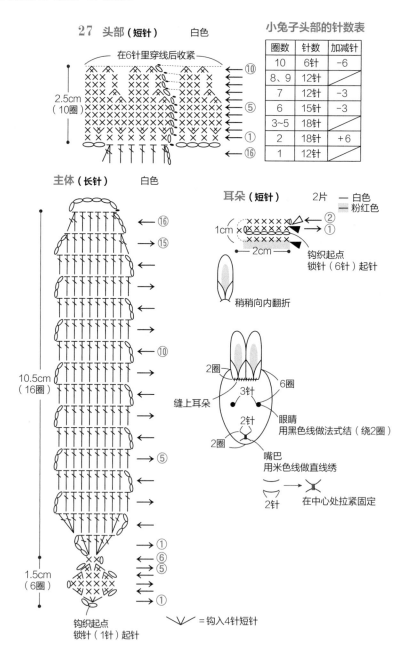

27 头部（短针） 白色

在6针里穿线后收紧

2.5cm（10圈）

小兔子头部的针数表

圈数	针数	加减针
10	6针	-6
8、9	12针	
7	12针	-3
6	15针	-3
3~5	18针	
2	18针	+6
1	12针	

主体（长针） 白色

10.5cm（16圈）

1.5cm（6圈）

钩织起点
锁针（1针）起针

耳朵（短针） 2片 — 白色 ▬ 粉红色

1cm

2cm

钩织起点
锁针（6针）起针

稍稍向内翻折

2圈

3针

6圈

缝上耳朵

2针

2圈

眼睛
用黑色线做法式结（绕2圈）

嘴巴
用米色线做直线绣

2针 → 在中心处拉紧固定

Ｖ =钩入4针短针

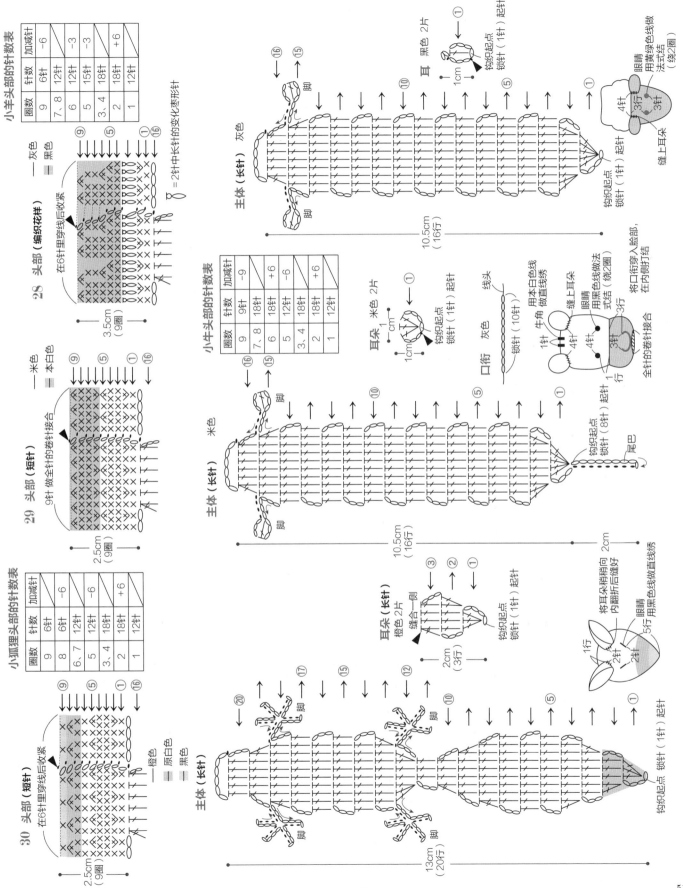

小羊头部的针数表

圈数	针数	加减针
9	6针	-6
7、8	12针	
6	12针	-3
5	15针	-3
3、4	18针	
2	18针	+6
1	12针	

一 灰色
▓ 黑色

▽ =2针中长针的变化枣形针

28 头部（编织花样）
在6针里穿线后收紧

3.5cm（9圈）

一 米色
▓ 本白色

29 头部（短针）
9针做全针的卷针接合

2.5cm（9圈）

小狐狸头部的针数表

圈数	针数	加减针
9	6针	-6
8	6针	
6、7	12针	-6
5	12针	
3、4	18针	-6
2	18针	+6
1	12针	

一 橙色
▓ 原白色
▨ 黑色

30 头部（短针）
在6针里穿线后收紧

2.5cm（9圈）

主体（长针） 灰色
10.5cm（16行）
钩织起点 锁针（1针）起针

耳 黑色 2片
钩织起点 锁针（1针）起针
1cm

眼睛
用黄绿色线做
法式结（绕2圈）
3针
3针
4针
缝上耳朵

小牛头部的针数表

圈数	针数	加减针
16	9针	-9
15	9针	
7、8	18针	+6
6	18针	-6
5	12针	
3、4	18针	-6
2	18针	+6
1	12针	

主体（长针） 米色
10.5cm（16行）
钩织起点 锁针（8针）起针 尾巴

耳朵 米色 2片
1cm
钩织起点 锁针（1针）起针

线头
牛角 灰色
钩织起点 锁针（10针）

口衔
1行

用本白色线
缝上耳朵
眼睛
用本色线做法式结（绕2圈）
将口衔穿入脸部，
在内侧做打结
全针的卷针接合
1针
4针
4针
3针

主体（长针）
13cm（20行）
钩织起点 锁针（1针）起针

耳朵（长针） 橙色 2片
缝合一侧
2cm（3行）
钩织起点 锁针（1针）起针

将耳朵稍向
内翻折后缝好
1行
眼睛
用黑色线做直线绣
2针
2针
5行
2cm

23、24、25、26 杯套 图片 ► p.20

准备材料

23: 和麻纳卡 Amerry／灰色(22)…20g、米色(21)…5g、黑色(24)…少许

24: 和麻纳卡 Amerry／乳黄色(2)…15g、白色(20)…5g、黑色(24)…少许

25: 和麻纳卡 Amerry／白色(20)·黑色(24)…各10g、蓝色(46)…少许

26: 和麻纳卡 Amerry／棕色(49)·黑色(24)…各10g、白色(20)…5g

针 钩针5/0号

成品尺寸 高7cm

钩织方法 ※除特别指定外,均为23、24、25、26通用的钩织方法

① 钩织主体。钩40针锁针起针后连接成环状,从锁针的里山挑针钩织短针。从第3圈开始,参照图示一边加针一边环形钩织。25、26一边配色一边钩织。

② 钩织其他各部分。23、26的眼睛、23的眉毛和口鼻部都是钩锁针起针,从锁针的里山挑针钩织短针。23的眉毛和口鼻部如图所示按编织花样钩织。

③ 24、25的眼睛和眼睛上方的小圆片、23、24、25、26的耳朵、24、25、26的口鼻部都是用线头制作线环,钩入短针。从第2圈开始参照图示钩织。

④ 缝合各部分。

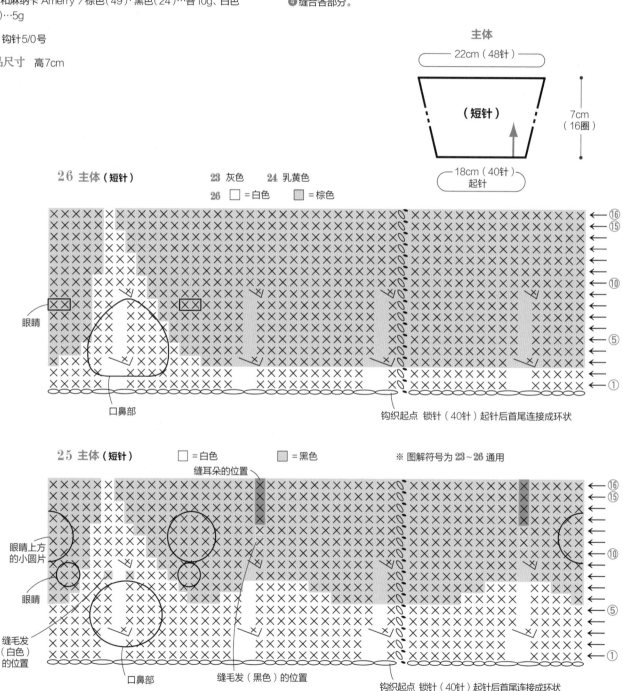

主体

22cm (48针)

(短针)

7cm
(16圈)

18cm (40针)
起针

26 主体 (短针)　　**23** 灰色　**24** 乳黄色

26 □=白色　■=棕色

眼睛

口鼻部

钩织起点 锁针(40针)起针后首尾连接成环状

25 主体 (短针)　　□=白色　　■=黑色　　※图解符号为23~26通用

缝耳朵的位置

眼睛上方的小圆片

眼睛

缝毛发(白色)的位置

口鼻部

缝毛发(黑色)的位置

钩织起点 锁针(40针)起针后首尾连接成环状

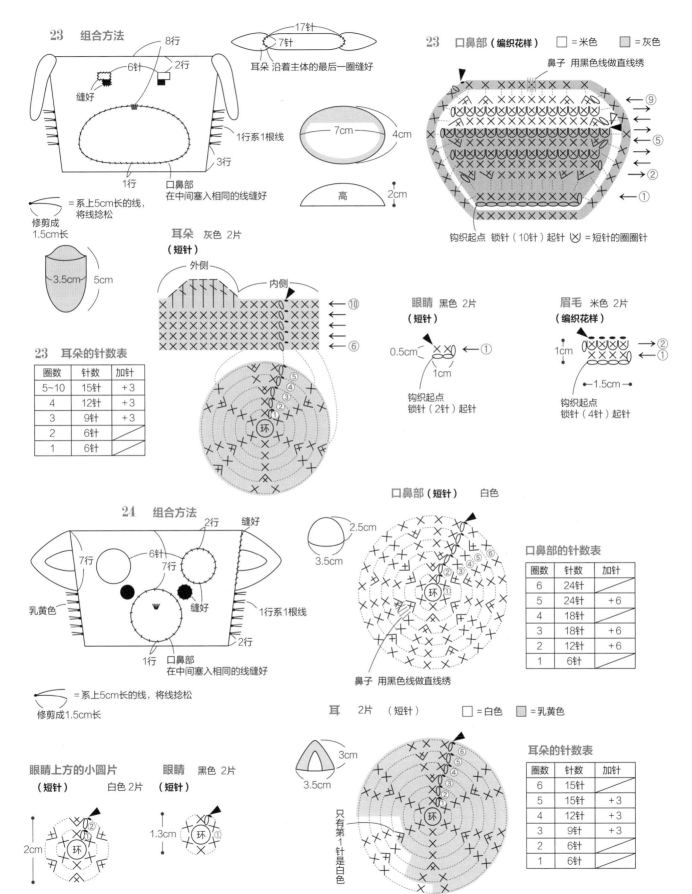

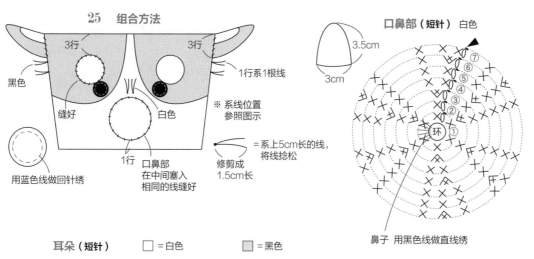

25　组合方法

3行　　3行

黑色

1行系1根线

缝好　白色

※系线位置
参照图示

1行　口鼻部
在中间塞入
相同的线缝好

用蓝色线做回针绣

＝系上5cm长的线，
将线捻松

修剪成
1.5cm长

口鼻部（短针）白色

3.5cm
3cm

环

鼻子　用黑色线做直线绣

口鼻部的针数表

行数	针数	加针
7	21针	+3
6	18针	+3
5	15针	
4	15针	+3
3	12针	+3
2	9针	+3
1	6针	

耳朵（短针）　　□＝白色　　▨＝黑色

左耳　后　前

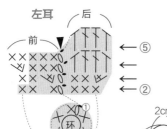

←⑤
←②
环①

2cm
3.5cm

后　右耳　前

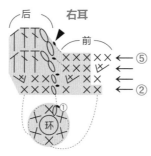

←⑤
←②
环①

眼睛上方的小圆片（短针）白色 2片

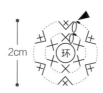

2cm

环

眼睛　黑色 2片（短针）

1.3cm

环

26　组合方法

缝合位置
参照图示

缝好

口鼻部
在中间塞入相同的线，缝好

21针
3针

耳朵
沿着主体的最后一圈缝好

耳朵 2片（短针）

▨＝黑色　　□＝棕色

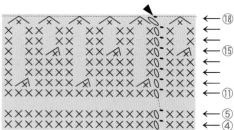

←⑱
←⑮
←⑪
←⑤
←④

②③
环

1cm
8cm
4cm
1.5cm

眼睛　黑色 2片（短针）

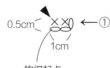

0.5cm　←①
1cm

钩织起点
锁针（2针）起针

口鼻部（短针）　白色

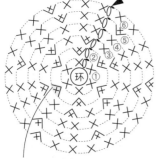

⑥
⑤
④
③
②①
环

鼻子　用黑色线做直线绣

2.5cm
4cm

口鼻部的针数表

行数	针数	加针
6	27针	+3
5	24针	+6
4	18针	
3	18针	+6
2	12针	+6
1	6针	

耳朵的针数表

行数	针数	加针
18	6针	-6
16、17	12针	
15	12针	-3
13、14	15针	
12	15针	-3
4~11	18针	
3	18针	+6
2	12针	+6
1	6针	+6

39、40 抱枕 图片 ► p.30

准备材料

39: 芭贝 Multico／茶色系混染（582）…125g，芭贝 British Eroika／奶油色（143）…50g、白色（125）…10g、黑色（122）…5g、填充棉…110g

40: 芭贝 Multico／彩色混染（577）…105g，芭贝 British Eroika／茶色（161）…60g、白色（125）…10g、黑色（122）…5g、填充棉…110g

钩针 钩针8/0号

成品尺寸 参照图示

钩织方法 ※除特别指定外，均为39、40通用的钩织方法

① 主体钩30针锁针起针，从锁针的半针和里山挑针钩织短针，接着在锁针剩下的1根线里挑针环形钩织。

② 参照图示，一边在两侧加减针，一边交替方向钩织短针和短针的条纹花样。

③ 钩织终点的3圈做分散减针，结束时做全针的卷针接合。

④ 钩织其他各部分。脚部钩4针锁针起针，按主体相同要领从起针处挑针钩织短针。参照图示环形钩至第8圈。塞入填充棉，并在脚尖绣上爪子。

⑤ 耳朵用线头制作线环，钩入4针短针。参照图示一边加针一边钩织短针至第8圈。

⑥ 尾巴钩3针锁针起针，按主体相同要领从起针处挑针钩织短针。参照图示，**39**钩织30圈，**40**钩织13圈。

⑦ 眼睛钩2针锁针起针，按主体相同要领从起针处挑针钩织短针。参照图示钩织2圈。

⑧ 黑眼珠用线头制作线环，钩入6针短针。

⑨ 嘴部用线头制作线环，钩入5针短针。参照图示一边加针一边钩织3圈。

⑩ 鼻子用线头制作线环，钩入7针中长针。

⑪ 将各部分缝在主体上。

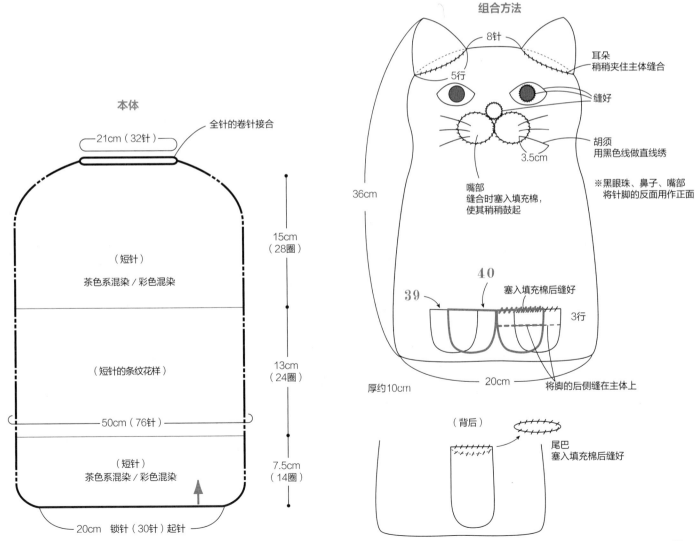

本体

- 21cm（32针）
- 全针的卷针接合
- （短针）茶色系混染／彩色混染
- （短针的条纹花样）
- 50cm（76针）
- （短针）茶色系混染／彩色混染
- 20cm 锁针（30针）起针
- 15cm（28圈）
- 13cm（24圈）
- 7.5cm（14圈）

组合方法

- 8针
- 5行
- 耳朵 稍稍夹住主体缝合
- 缝好
- 胡须 用黑色线做直线绣
- ※黑眼珠、鼻子、嘴部 将针脚的反面用作正面
- 嘴部 缝合时塞入填充棉，使其稍稍鼓起
- 3.5cm
- 36cm
- 39
- 40
- 塞入填充棉后缝好
- 3行
- 厚约10cm
- 20cm
- 将脚的后侧缝在主体上
- （背后）
- 尾巴 塞入填充棉后缝好

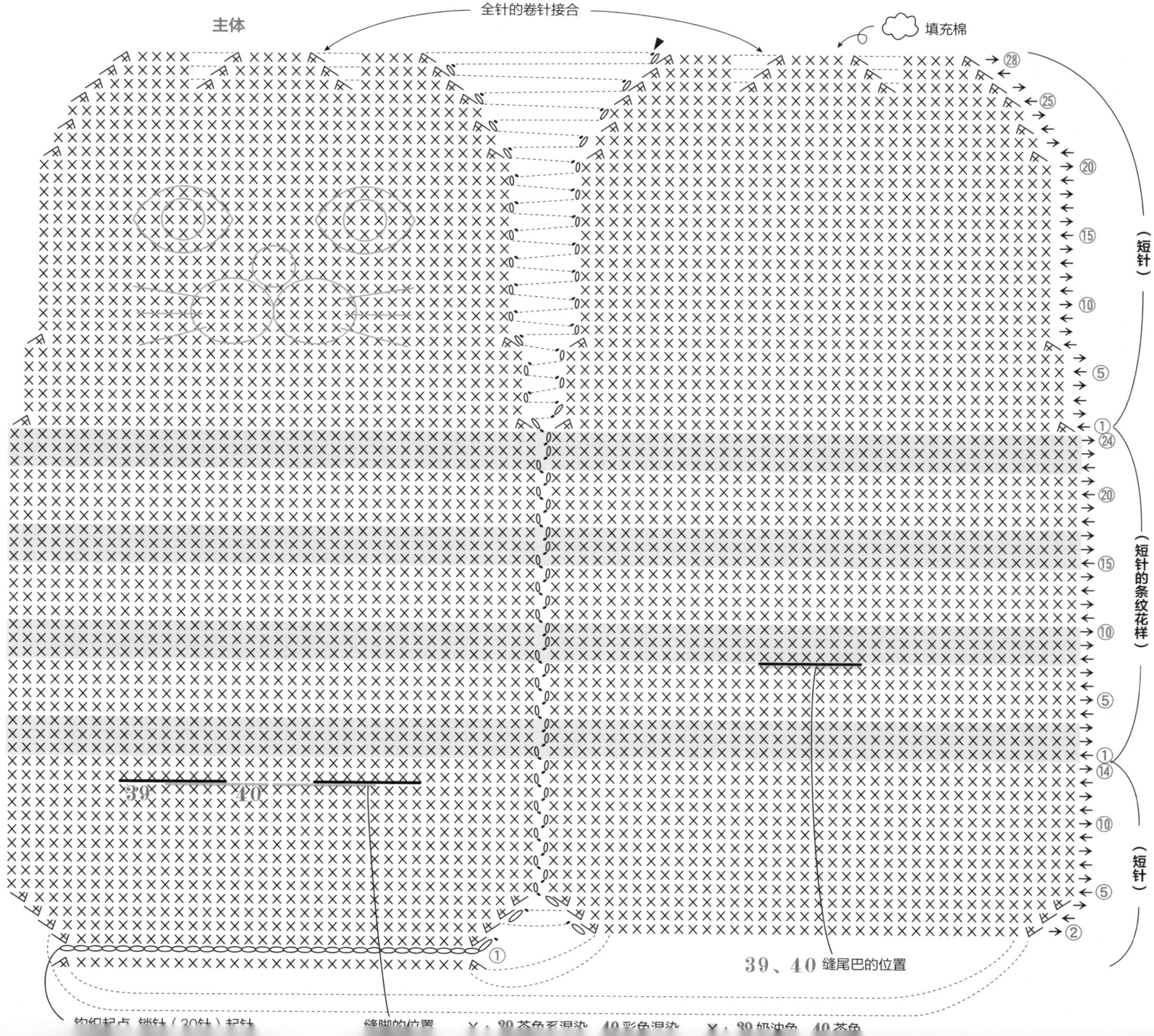

（短针）　　　　　　　　　　（短针的条纹花样）　　　　　　　（短针）

⑳　　　　⑮　　　　⑩　　　　⑤　　①㉔　　㉚　　　　⑮　　　　⑩　　　　⑤　　①⑭　　　⑩　　　　⑤

㉕

㉘

填充棉

全针的卷针接合

主体

39、40 缝尾巴的位置

①

耳朵（短针） 2片

39：奶油色　**40**：茶色

12cm
（20针）

5cm
（8行）

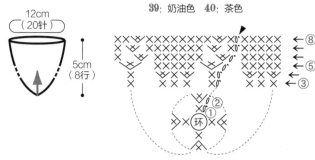
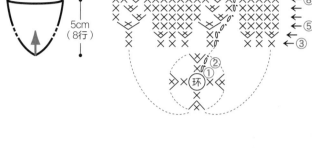

脚（短针） 2条

39：✕＝茶色系混染　✕＝奶油色
40：✕・✕＝茶色

前侧

10cm
（16针）

5cm
（8行）

2cm
锁针（4针）起针

①填充棉

2针2针

3行

②爪子用黑色线做直线绣
（从前面的第3行出针）
（从后面的第3行入针）

钩织起点
锁针（4针）起针
钩织起点

眼睛（短针） 白色 2个　　　**黑眼珠（短针）** 黑色 2个

4cm

3cm

钩织起点 锁针（2针）起针

※将针脚的反面用作正面

环①

2cm

鼻子（中长针） 黑色 1个
※将针脚的反面用作正面

2.5cm

环

收拢成2cm
左右缝好

尾巴（短针）

39 19cm
（30行）

40 9cm
（30行）

1.5cm
锁针（3针）起针

39：✕＝奶油色　✕＝奶油色
40：✕・✕＝茶色

前侧

30

40的第13圈按39的
30相同要领钩织

茶色系混染／彩色混染

15

填充棉

10

5

3

钩织起点 锁针（3针）起针

上端2.5cm处填充棉塞得薄一点

嘴部（短针） 白色 2片
※将针脚的反面用作正面

3.5cm

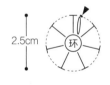

用全针的卷针
缝连接2片

塞入填充棉

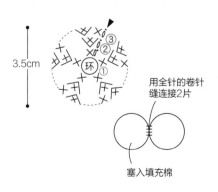
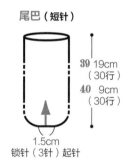

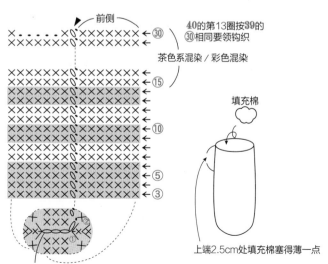

37、38 室内鞋 图片&重点教程 ▶ p.28 & p.7

准备材料

37：芭贝 Soft Donegal／灰色（5229）… 80g，Primitivo／白色（102）… 15g，Queen Anny／肤色（101）… 15g，黑色（803）… 少许，

和麻纳卡 蘑菇扣眼睛／黑色6mm（H220-606-1）… 1对，填充棉…少许

38：芭贝 Soft Donegal／绿色（5250）… 80g，Primitivo／灰色（101）… 15g，Queen Anny／白色（802）… 15g，黑色（803）… 少许，

和麻纳卡 蘑菇扣眼睛／黑色6mm（H220-606-1）… 1对，填充棉…少许

针 钩针6/0号、8/0号

成品尺寸 参照图示

钩织方法 ※除特别指定外，均为37、38通用的钩织方法

① 从鞋头开始钩织。用线头制作线环，钩入6针短针。

② 从第2圈开始，参照图示一边加针一边钩至第8圈。

③ 接着按中长针和编织花样钩织8圈。

④ 接着空出中间的3针，钩织主体的鞋口一侧。每行改变钩织方向，按编织花样钩织9行。在第10行和第11行减针。

⑤ 鞋跟做全针的卷针接合。

⑥ 钩织其他部分。小羊的脸部用线头制作线环，钩入6针短针。从第2圈开始，参照图示一边加针一边钩至第8圈。

⑦ 耳朵用线头制作线环，钩入3针短针，接着往返钩织短针。

⑧ 在脸部刺绣，再缝上耳朵和蘑菇扣眼睛。

⑨ 脸部周围钩24针锁针起针后连接成环状，从锁针的里山挑针钩织短针。第2、3圈参照图示一边加针一边钩织，然后缝在脸部。

⑩ 将脸部周围以及脸部放在鞋子的主体上缝好

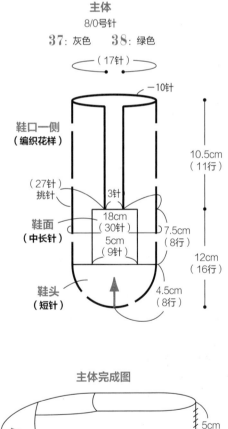

主体
8/0号针

37：灰色　　38：绿色

主体完成图

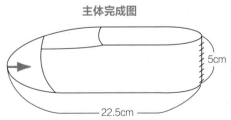

脸部（短针）　　6/0号针

37 肤色
38 白色

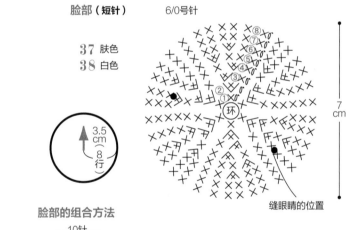

缝眼睛的位置

脸部的组合方法

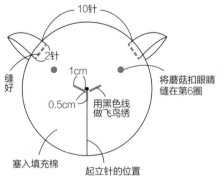

脸部的针数表

行数	针数	加针
8	36针	
7	36针	
6	36针	+6
5	30针	+6
4	24针	+6
3	18针	+6
2	12针	+6
1	6针	

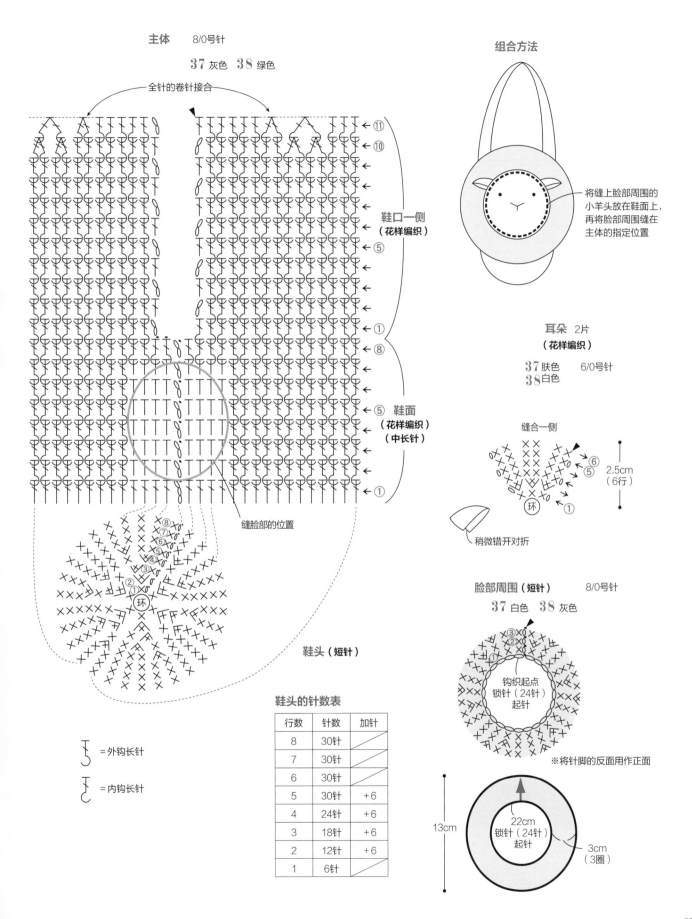

主体　8/0号针

37 灰色　**38** 绿色

全针的卷针接合

鞋口一侧
（花样编织）

⑪
⑩

⑤

①
⑧

鞋面
（花样编织）
（中长针）

⑤

①

缝脸部的位置

组合方法

将缝上脸部周围的
小羊头放在鞋面上，
再将脸部周围缝在
主体的指定位置

耳朵　2片
（花样编织）

37 肤色　6/0号针
38 白色

缝合一侧

⑥
⑤
①
环

2.5cm
（6行）

稍微错开对折

脸部周围（短针）　8/0号针

37 白色　**38** 灰色

③×0
②×0
①×0

钩织起点
锁针（24针）
起针

※将针脚的反面用作正面

鞋头（短针）

⑧
⑦
⑥
⑤
④
③
②
①
环

鞋头的针数表

行数	针数	加针
8	30针	
7	30针	
6	30针	
5	30针	+6
4	24针	+6
3	18针	+6
2	12针	+6
1	6针	

= 外钩长针

= 内钩长针

13cm

22cm
锁针（24针）
起针

3cm
（3圈）

钩针编织基础

如何看懂符号图

本书中的符号图均表示从织物正面看到的状态，根据日本工业标准（JIS）制定。钩针编织没有正针和反针的区别（除内钩针和外钩针外），交替看着正、反面进行往返钩织时也用相同的针法符号表示。

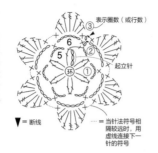

表示圈数（或行数）

起立针

从中心向外环形钩织时

在中心环形起针（或钩织锁针连接成环状），然后一圈圈地向外钩织。每圈的起始处都要先钩起立针。通常按符号图逆时针钩织。

▼＝断线

…当针法符号相隔较远时，用虚线连接下一针的符号。

▼＝断线　▽＝接线

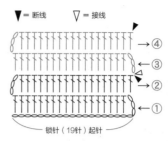

锁针（19针）起针

往返钩织时

特点是左右两侧都有起立针。原则上，当起立针位于右侧时，看着织片的正面按符号图从右往左钩织；当起立针位于左侧时，看着织片的反面按符号图从左往右钩织。左图表示在第3行换成配色线钩织。

线和钩针的拿法

1 从左手的小指和无名指之间将线向前拉出，然后挂在食指上，将线头拉至手掌前。

2 用拇指和中指捏住线头，竖起食指使线绷紧。

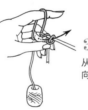

3 用右手的拇指和食指捏住钩针，用中指轻轻压住针头。

起始针的钩织方法

1 将钩针抵在线的后侧，如箭头所示转动针头。

2 再在针头挂线。

3 从线环中将线向前拉出。

4 拉动线头收紧针脚，起始针完成（此针不计为1针）。

起针

从中心向外环形钩织时
（用线头制作线环）

1 在左手食指上绕2圈线，制作线环。

2 从手指上取下线环重新捏住，在线环中插入钩针，如箭头所示挂线后向前拉出。

3 针头再次挂线拉出，钩织立起的锁针。

4 第1圈在线环中插入钩针，钩织所需针数的短针。

5 暂时取下钩针，拉动最初制作线环的线（1）和线头（2），收紧线环。

6 第1圈结束时，在第1针短针的头部插入钩针，挂线引拔。

从中心向外环形钩织时
（钩锁针制作线环）

1 钩织所需针数的锁针，在第1针锁针的半针里插入钩针引拔。

2 针头挂线后拉出，此针就是立起的锁针，即起立针。

3 第1圈在线环中插入钩针，成束挑起锁针钩织所需针数的短针。

4 第1圈结束时，在第1针短针的头部插入钩针，挂线引拔。

往返钩织时

1 钩织所需针数的锁针和起立针，在边上第2针锁针里插入钩针，挂线后拉出。

2 针头挂线，如箭头所示将线拉出。

3 第1圈完成后的状态（起立针不计入针数）。

锁针的识别方法

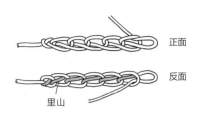

正面

反面

里山

锁针有正、反面之分。反面中间突出的1根线叫作锁针的"里山"。

前一行的挑针方法

 在针脚里钩织

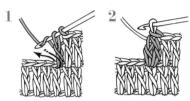

1 **2**

 挑起锁针束钩织

1 **2**

同样是枣形针，符号不同，挑针的方法也不同。符号下方是闭口时，在前一行的针脚里钩织；符号下方是开口时，成束挑起前一行的锁针钩织。

针法符号

⬯ 锁针

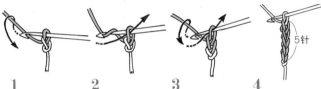

1 **2** **3** **4**

5针

钩起始针，接着在针头挂线。

将挂线拉出，完成锁针。

重复步骤1和2的"挂线，拉出"，继续钩织。

5针锁针完成。

⬮ 引拔针

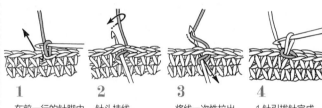

1 **2** **3** **4**

在前一行的针脚中插入钩针。

针头挂线。

将线一次性拉出。

1针引拔针完成。

✕ 短针

1 **2** **3** **4**

在前一行的针脚中插入钩针。

针头挂线，将线圈拉至内侧（此状态叫作"未完成的短针"）。

针头再次挂线，一次性引拔穿过2个线圈。

1针短针完成。

⊤ 中长针

1 **2** **3** **4**

针头挂线，在前一行的针脚中插入钩针。

针头再次挂线，将线圈拉出至内侧（此状态叫作"未完成的中长针"）。

针头挂线，一次性引拔穿过3个线圈。

1针中长针完成。

⊤ 长针

1 **2** **3** **4**

针头挂线，在前一行长针针脚顶部中插入钩针。再次挂线后拉出至内侧。

如箭头所示，针头挂线后引拔穿过2个线圈（此状态叫作"未完成的长针"）。

针头再次挂线，引拔穿过剩下的2个线圈。

1针长针完成。

⊤ 长长针

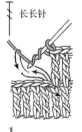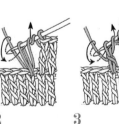

1 **2** **3** **4**

在针头绕2圈线，在前一行的针脚中插入钩针。再次挂线，将线圈拉出至内侧。

如箭头所示，针头挂线后引拔穿过2个线圈。

重复相同操作2次。
※重复1次后的状态叫作"未完成的长长针"。

1针长长针完成。

短针1针分2针

1	**2**	**3**	**4**
钩1针短针。	在同一个针脚中插入钩针将线圈拉出，钩织短针。	短针1针分2针完成后的状态。在同一个针脚中再钩1针短针。	在前一行的1针里钩入2针短针后的状态，比前一行多了2针。

 短针2针并1针

1	**2**	**3**	**4**
如箭头所示，在前一行的针脚中插入钩针，将线圈拉出。	按相同要领再从下个针脚中拉出线圈。	针头挂线，如箭头所示一次性引拔穿过3个线圈。	短针2针并1针完成，比前一行少了1针。

 长针1针分2针

  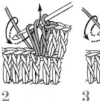

※2针以上或者非长针的情况，也按相同要领在前一行的1个针脚中钩织指定针数的指定针法。

1	**2**	**3**	**4**
钩1针长针。针头挂线，在同一个针脚中插入钩针后挂线拉出。	针头挂线，引拔穿过2个线圈。	针头再次挂线，引拔穿过剩下的2个线圈。	长针1针分2针完成，比前一行多了1针。

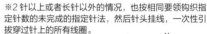 长针2针并1针

※2针以上或者长针以外的情况，也按相同要领钩织指定针数的未完成的指定针法，然后针头挂线，一次性引拔穿过针上的所有线圈。

1	**2**	**3**	**4**
在前一行的1个针脚中钩1针未完成的长针（参见p.61），接着针头挂线，如箭头所示在下个针脚里插入钩针，挂线后拉出。	针头挂线，引拔穿过2个线圈，钩第2针未完成的长针。	针头挂线，如箭头所示一次性引拔穿过3个线圈。	长针2针并1针完成，比前一行少了1针。

 3针锁针的狗牙针

※3针以上的情况，在步骤1钩织指定针数的锁针，然后按相同要领引拔。

1	**2**	**3**	**4**
钩3针锁针。	在短针头部的半针以及根部的1根线里插入钩针。	针头挂线，如箭头所示一次性引拔。	3针锁针的狗牙针完成。

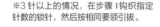 3针长针的枣形针

※3针以上或者非长针的情况，也按相同要领，在前一行的1个针脚里钩织指定针数的未完成的指定针法，再如步骤3所示一次性引拔穿过针上的所有线圈。

1	**2**	**3**	**4**
在前一行的针脚中钩1针未完成的长针（参照p.61）。	在同一个针脚中插入钩针，接着钩2针未完成的长针。	针头挂线，一次性引拔穿过针上的4个线圈。	3针长针的枣形针完成。

 5针长针的爆米花针

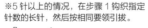

※5针以上的情况，在步骤1钩织指定针数的长针，然后按相同要领引拔。

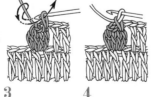

1	**2**	**3**	**4**
在前一行的同一个针脚中钩5针长针，暂时取下钩针，如箭头所示在第1针长针的头部以及刚才取下的线圈里重新插入钩针。	直接将线圈拉出至内侧。	再钩1针锁针，收紧针目。	5针长针的爆米花针完成。

 3针中长针的变化枣形针

1	**2**	**3**	**4**
在前一行的针脚中插入钩针，钩3针未完成的中长针。	针头挂线，如箭头所示引拔穿过6个线圈。	针头再次挂线，一次性引拔穿过余下线圈。	3针中长针的变化枣形针完成。

短针的条纹针

※ 非短针的条纹针也按相同要领，在前一圈的外侧半针里挑针钩织指定针法。

1 每圈看着正面钩织。钩1圈短针，在起始针里引拔。

2 钩1针起立，接着在前一圈的外侧半针里挑针钩织短针。

3 按步骤2相同要领继续钩织短针。

4 前一圈的内侧半针呈现条纹状。图中为钩织第3圈短针的条纹针的状态。

 短针的棱针

※ 非短针的棱针也按相同要领，在前一行的外侧半针里挑针钩织指定针法。

1 如箭头所示，在前一行针脚的外侧半针里插入钩针。

2 钩织短针。下一针也按相同要领在外侧半针里插入钩针。

3 钩至行末，翻面。

4 按步骤1、2相同要领，在外侧半针里插入钩针钩织短针。

外钩长针

※ 长针以外的情况也按相同要领，如步骤1箭头所示插入钩针，钩织指定针法。
※ 往返钩织中看着反面操作时，按内钩长针钩织。

1 针头挂线，如箭头所示从正面将钩针插入前一行长针的根部。

2 针头挂线后拉出，将线圈拉得稍微长一点。

3 针头再次挂线，引拔穿过2个线圈。重复1次相同操作。

4 1针外钩长针完成。

内钩长针

※ 长针以外的情况也按相同要领，如步骤1箭头所示插入钩针，钩织指定针法。
※ 往返钩织中看着反面操作时，按外钩长针钩织。

1 针头挂线，如箭头所示从反面将钩针插入前一行长针的根部。

2 针头挂线，如箭头所示将线拉出至织物的后侧。

3 将线圈拉得稍微长一点，针头再次挂线，引拔穿过2个线圈。重复1次相同操作。

4 1针内钩长针完成。

卷针缝

   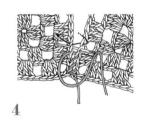

1 将织片正面朝上对齐，挑起针目头部的2根线进行缝合。在缝合起点和终点的针脚里各挑2次针。

2 逐针地挑针缝合。

3 缝合至末端的状态。

4 挑取半针的卷针缝方法
将织片正面朝上对齐，挑起外侧半针（针脚顶部的1根线）进行缝合。在缝合起点和终点的针脚里各挑2次针。

引拔接合

※ 引拔针以外的情况也按相同要领，在2片织物里一起插入钩针，钩织指定针法。

1 将2片织物正面朝内对齐（或者正面朝外对齐），在边针里插入钩针将线拉出，针头再次挂线引拔。

2 在下个针脚里插入钩针，针头挂线后引拔。重复此操作，逐针地引拔接合。

3 结束时，在针头挂线引拔后断线。

日文原版图书工作人员

图书设计	原辉美　大野郁美（mill design studio）
摄影	小塚恭子（作品）　本间伸彦（目录、步骤详解）
造型	平尾知子
作品设计	池上舞　今村曜子　远藤裕美　冈真理子
	河合真弓　小松崎信子
钩织方法说明	及川真理子　翼
制图	北原祐子　小池百合穗　高桥玲子
步骤协助	河合真弓
钩织方法校对	外川加代
策划、编辑	E&G CREATES（薮明子　成田爱留）

原文书名：週末で完成！かぎ針編み　アニマル大好き！こもの
原作者名：E&G CREATES

Copyright © eandgcreates 2019

Original Japanese edition published by E&G CREATES.CO.,LTD

Chinese simplified character translation rights arranged with E&G CREATES.CO.,LTD

Through Shinwon Agency Beijing Office.

Chinese simplified character translation rights © 2020 by China Textile & Apparel Press

本书中文简体版经日本E&G创意授权，由中国纺织出版社有限公司独家出版发行。

本书内容未经出版者书面许可，不得以任何方式或任何手段复制、转载或刊登。

著作权合同登记号：图字：01-2020-4156

图书在版编目（CIP）数据

周末就能完成！：超可爱的毛线动物钩编／日本E&G创意编著；蒋幼幼译. -- 北京：中国纺织出版社有限公司，2021.1（2024.1重印）

ISBN 978-7-5180-7841-7

Ⅰ. ①周… Ⅱ. ①日… ②蒋… Ⅲ. ①钩针－编织－图解 Ⅳ. ① TS935.521-64

中国版本图书馆 CIP 数据核字（2020）第 169413 号

责任编辑：刘茸　　特约编辑：关制　　责任校对：江思飞
装帧设计：培捷文化　　责任印制：王艳丽

中国纺织出版社有限公司出版发行
地址：北京市朝阳区百子湾东里 A407 号楼　邮政编码：100124
销售电话：010—67004422　传真：010—87155801
http://www.c-textilep.com
中国纺织出版社天猫旗舰店
官方微博 http://weibo.com/2119887771
北京华联印刷有限公司印刷　各地新华书店经销
2021 年 1 月第 1 版　2024 年 1 月第 4 次印刷
开本：889×1194　1/16　印张：4
字数：94 千字　定价：46.00 元

凡购本书，如有缺页、倒页、脱页，由本社图书营销中心调换